侵蚀环境下的磷酸铵镁
水泥涂料性能研究

Performance Study of Magnesium Ammonium Phosphate
Cement Coating in Corrosive Environments

李军　著

天津大学出版社
TIANJIN UNIVERSITY PRESS

内容提要

本书围绕磷酸铵镁水泥涂料的缓凝调控、黏结界面和耐久性三个方面展开研究,系统地研究了磷酸铵镁水泥涂料的反应过程,分析了缓凝剂硼砂对磷酸铵镁水泥涂料体系性能的影响,设计出了可改变磷酸铵镁水泥涂料的水化放热特性和有效延缓凝结的复合缓凝剂。在此基础上,研究了侵蚀环境对磷酸铵镁水泥涂料修补材料界面性能发展的影响。通过研究磷酸铵镁水泥涂料的耐水及耐硫酸盐腐蚀等性能,提高磷酸镁水泥涂料的耐腐蚀能力,以更好地将该涂料应用于工程实际中。

图书在版编目(CIP)数据

侵蚀环境下的磷酸铵镁水泥涂料性能研究 / 李军著.
-- 天津: 天津大学出版社,2021. 9
ISBN 978-7-5618-7043-3

Ⅰ.①侵… Ⅱ.①李… Ⅲ.①水泥基复合材料－涂料
－性能－研究 Ⅳ.①TB333.2

中国版本图书馆CIP数据核字(2021)第189303号

出版发行 天津大学出版社
地　　址 天津市卫津路92号天津大学内(邮编:300072)
电　　话 发行部:022-27403647
网　　址 www.tjupress.com.cn
印　　刷 北京盛通商印快线网络科技有限公司
经　　销 全国各地新华书店
开　　本 185mm×260mm
印　　张 8.75
字　　数 231千
版　　次 2021年9月第1版
印　　次 2021年9月第1次
定　　价 49.00元

作者简介

李军,开封大学教师,副教授,博士,硕士生导师;河南省青年科技工作者协会会员,河南省学术技术带头人,河南省高等学校青年骨干教师,开封市科技创新人才,享受开封市政府特殊津贴人员,河南省高层次人才;开封市固体废渣资源化与无害化工程技术研究中心、开封市建筑固体废弃物再生利用技术重点实验室负责人,开封市固体废渣资源化利用创新型科技团队带头人。

长期从事磷酸镁水泥、建筑固体废渣等新型建筑材料的研究,在学术上具有新的思想和见解,勇于创新。其研究成果取得了较好的经济效益和社会效益,推动了行业技术的进步及区域循环经济的发展。截至目前,发表SCI论文11篇(其中一区2篇、二区1篇)、EI论文1篇、核心论文12篇,主持河南省科技项目3项、厅级项目12项,申请发明专利7项(其中授权专利3项)、授权实用新型专利16项,主编教材3部。

前　言

磷酸镁水泥（magnesium phosphate cement，MPC）是由重烧氧化镁、可溶性酸式磷酸盐和外加剂等物质按照一定比例，在酸性条件下通过酸碱化学反应及物理作用生成的以磷酸盐为黏结相的无机胶凝材料。磷酸镁水泥具有结构密实、高早强、高体积稳定性、强黏结性、高附着性等特点，可用于混凝土结构的修补和用作复合材料的基体材料等。此外，磷酸镁水泥还具有无机涂料的优势。

国内外对磷酸镁水泥基材料的研究主要集中在磷酸镁水泥的配制、性能及水化等方面，且在磷酸镁水泥缓凝剂的开发以及缓凝剂对水泥水化产物与微观结构的影响等方面已取得较大的进展。相比之下，对高性能磷酸镁水泥基涂料的配制技术、性能以及施工关键技术的研究仍十分匮乏，更谈不上系统性的研究。磷酸镁水泥基涂料凝结快，对涂料的施工操作和后期性能均产生不利的影响，因而限制了其使用和推广。磷酸镁水泥基涂料长期与水接触会发生水溶蚀现象，这限制了其在水腐蚀环境中的使用。当磷酸镁水泥基涂料长期处于硫酸盐腐蚀环境中时，其力学性能有所下降，这限制了其在硫酸盐腐蚀环境中的使用。因此，实现磷酸镁水泥基涂料的缓凝调控，研究水和硫酸盐等腐蚀环境中磷酸镁水泥基涂料的耐久性能，对提升混凝土的防护和服役性能具有重要意义。这一研究也将为建材行业的节能降耗和绿色发展提供支持和保障。

本书围绕磷酸铵镁水泥（magnesium ammonium phosphate cement，MAPC）涂料（具有代表性的 MPC 材料）的缓凝调控、MAPC 涂层的黏结界面和 MAPC 涂层的耐久性等方面展开研究，拟实现 MAPC 涂层凝结时间的可控，达到施工性能要求，提高水和硫酸盐环境中 MAPC 涂层的耐久性能，从而扩展 MAPC 涂料的应用范围。

感谢浙江正方沥青混凝土科技有限公司、浙江正方交通建设有限公司为 MAPC 涂料的应用提供了技术支持。同时，也感谢河南金安泰钢结构工程有限公司为 MAPC 涂料在钢结构上的应用提供了技术支持。最后，十分感谢杭州信达投资咨询估价监理有限公司为项目成果的推广提供了大力帮助。

本书属于开封大学科研基金项目（KDBS-2020-1，"腐蚀环境下磷酸铵镁水泥基涂料黏结界面微观结构及性能研究"）、开封市科技计划项目（2107001，"垃圾焚烧底灰地聚合物混凝土的耐久性能研究"）、开封大学新型节能建筑材料协同创新中心项目、开封市固体废渣资源化与无害化工程技术研究中心项目、开封市建筑固体废弃物再生利用技术重点实验室项目、开封市海绵城市工程材料技术研究中心项目、开封市固体废渣资源化利用创新型科技团队项目、开封市科技创新人才项目的配套成果。

　　本书的编著不仅依据了作者多年来从事磷酸镁水泥及相关领域的科学研究、教学与工程实践积累的成果,而且参考了国内外大量的文献资料,在此一并向相关作者与研究机构表示谢意。由于水平有限,书中疏漏在所难免,还望广大读者不吝赐教、指正。

作者

2021 年 4 月

目　　录

1 绪 论

1.1 研究背景和意义

在基础设施建设中,混凝土是用量最大、用途最广的建筑材料。混凝土在实际应用的过程中,难免会遇到服役环境恶劣、理化因素不适宜等诸多难题与挑战,这就对混凝土的使用条件提出了更高的要求。只有依照混凝土的使用环境制定有效、合理的方案,并严格按照既定要求开展相关工作,才可以最大限度地提高混凝土的使用效率,延长混凝土的使用寿命。不过,想要真正地做到这一点是非常不容易的。在现实状态下混凝土的使用环境往往非常恶劣,加之不合理的设计与施工,使得混凝土的结构受到一定程度的破坏,致使其安全性能以及承重能力逐渐弱化,最终造成混凝土寿命的缩短。所以,提升混凝土结构的耐久性能够在很大程度上推动建筑行业乃至整个社会的经济发展。不仅如此,混凝土结构耐久性的提升还会对自然生态环境保护工作的开展发挥积极作用。

硅酸盐水泥混凝土中蕴含着丰富的氢氧化钙与水化硅酸钙(C-S-H),想要确保水化产物 C-S-H 凝胶的稳定性就需要强碱性的外在环境,而碱性越强混凝土越易受到硫酸盐的化学腐蚀。不仅如此,硅酸盐水泥混凝土中还存在着大量的孔结构。这些孔结构在硅酸盐水泥混凝土的内部各个区域之间构成了一个不间断的毛细孔隙网络。这种网络结构在一定程度上为硫酸根等腐蚀性离子破坏混凝土的内部结构提供了途径。材料构成层面的不足以及诸多外在客观因素的制约,导致硅酸盐水泥混凝土的实际应用受到限制。例如,由于固有的特性,硅酸盐水泥混凝土结构不能满足盐湖、重盐渍土区等严酷环境的使用要求,若想在上述环境中使用硅酸盐水泥混凝土,就必须采取一些防腐措施来提高其耐久性。

目前,混凝土的防腐措施大体分为两类:第一类是从提高混凝土本身致密性的角度入手,科学地改善混凝土的配合比,向其中添加适合的外加剂,或者不断提高原材料的性能等,从而提高混凝土的抗腐蚀能力;第二类是从保护混凝土表层结构的角度入手,在混凝土表层涂上一层防护膜,从而提高混凝土的抗腐蚀能力。

在混凝土表层涂上一层防护膜是当下最有效的一种防腐方式。尤其是防腐膜,可以从混凝土表层入手来保护其免受客观不良因素的威胁。现在,最常见的用于混凝土表层的防护涂料主要包括两类:有机涂料和无机涂料。有机涂料的优势在于其具有超强的憎水性,且可以和混凝土组分一起发挥作用。有机涂料能够在混凝土孔隙中产生憎水膜,这种膜结构既可以产生防水的效果,又能够提升混凝土的抗渗性。不过有机涂料对施工条件的要求比较高,不能长时间地暴露在空气中,否则会出现诸如降解、老化等不容忽视的问题。无机涂料是以无机基材为主,辅以添加剂构成的防腐涂料。与有机涂料相比,无机涂料具有耐热性较好、耐老化能力较强、没有毒性、污染较小等独特优势。因此,无机涂料日益受到关注。不过现在的很多无机涂料在常温下具有黏结性弱、强度（如果不特别指出，一般指抗压强度，下同）不高等缺点，这就导致涂层非常容易从混凝土表层脱落。

当今社会的进步与发展，要求各类建筑物的使用周期更长，由此市场上对无机涂料的需求与日俱增，而早期的涂料想要顺应当今的形势，就必须不断地寻求创新与进步。除此之外，随着生态环境的破坏日益严重，建材的生态友好性势必成为今后评估建材水平的关键指标。无机涂料的发展同样要注重环保问题，因此研制新型的无机涂料具有重要意义。下面以磷酸镁水泥为例进行介绍。

磷酸镁水泥由重烧氧化镁粉料、磷酸盐粉料、缓凝剂与矿物掺合料等按照一定的比例配制而成。磷酸镁水泥具备硅酸盐类胶凝材料和陶瓷材料的主要特点，如低温固化、高早强、高体积稳定性、强黏结性、硬化体偏中性等。磷酸镁水泥的酸性和碱性组分遇水迅速发生中和反应，强度发展快，早期强度（尤其是小时强度）非常高，这是普通硅酸盐水泥甚至快硬硫铝酸盐水泥等都不能相比的优势。磷酸镁水泥基材料浆体的水胶比低，体积稳定性好，水化硬化过程的收缩变形仅为硅酸盐水泥基材料的 1/10。上述特点使磷酸镁水泥基材料有望成为混凝土结构最理想的无机防护涂料。

但是，磷酸镁水泥基涂料凝结快，水化热早期释放集中，对涂料的施工操作和后期性能都会造成不良影响，从而限制了其使用范围。与水长期接触时，磷酸镁水泥基涂料的强度相比于同龄期自然养护的水泥的强度会有不同程度的下降，这限制了其在水腐蚀环境中的使用。长期处于硫酸盐腐蚀环境中时，磷酸镁水泥基涂料的力学性能有所下降，这限制了其在硫酸盐腐蚀环境中的长期使用。因此，研究水和硫酸盐等腐蚀环境中磷酸镁水泥基涂料的耐久性能，实现磷酸镁水泥基涂料的缓凝调控，对提升混凝土的耐久性和服役性能具有重要意义，也将为建材行业的节能降耗和绿色发展提供支持和保障。

1.2 国内外研究现状

磷酸盐胶凝材料属于新型的水泥材料。磷酸盐水泥的发展历程大致包括两个阶段，初期使用的主要是磷酸锌水泥。早在 19 世纪 80 年代，Rollins 就把磷酸锌基材料当作一种牙科粘固粉使用，不过这种材料数量较少，且价格较高，因此应用范围比较窄。磷酸钙水泥以及磷酸镁水泥的日益开发与创新，使磷酸盐水泥的使用范围不断拓宽。由于具有独特的骨相容性，磷酸钙水泥现在已被划归为生物材料，在牙科、骨科以及整形科等有较多应用。此外，磷酸镁水泥由于具备快硬高强的独特优势，已经被广泛地用在各种道路的修补和维护方面。

磷酸盐胶凝材料在土木工程方面的应用始于最近几十年。20 世纪 70 年代后期，国外就有了使用氯氧镁水泥来制造无机胶凝材料的先例，之后人们了解到氯氧镁水泥并不能抵抗水侵蚀，并且它的酸溶性水平比较高。Cassidy 等就此展开研究，研制出生产成本较低、售价不高且具有快凝性的磷酸盐胶凝材料。发达国家看中了这种材料快硬、高强的优势，将其使用在混凝土路面等工程中。

相关研究表明,在磷酸盐胶凝材料被发现的初期,其在牙科、结构与生化工程以及废弃物处理等领域发挥了巨大的作用。相较于普通水泥,此类具有磷酸盐化学键的胶凝材料具备很多优势:第一,凝结硬化之后呈中性;第二,凝结硬化过程所需的时间短;第三,凝结硬化之后具有很高的强度与密实性;第四,具备较高水平的耐久性能与耐高温性能。现在,很多行业都需要磷酸盐胶凝材料,在今后的土木工程建设中磷酸盐胶凝材料尤为重要。

1.2.1　磷酸镁水泥的发展

磷酸镁水泥(magnesium phosphate cement,MPC)是目前比较新型的胶凝材料,日益受到人们的重视,且作为可持续发展材料被提出和研究。MPC属于通过化学反应生成化学键而具有强度的胶凝材料,为此学者把MPC材料叫作CBPC(chemically bonded phosphate ceramic),也就是在正常的温度下通过化学键进行固结的陶瓷。

大约在20世纪40年代,Prosen与Earnshaw开始将MPC材料应用到铸造领域,不过MPC材料凝结硬化所需要的时间太短,以至于无法施工,导致其使用范围十分有限。20世纪70年代,学者们逐渐把MPC及相关材料向结构材料转型,拓宽其应用范围。在此基础上,美国布鲁克海文国家实验室(Brookhaven National Laboratory)开展了一系列研究工作。1990年左右,美国阿贡国家实验室(Argonne National Laboratory)把MPC材料运用在放射性以及有毒废弃物固化等方面,之后又将MPC材料应用于冻土地区及地热地区深层油井的固化方面。

我国于20世纪90年代早期开始对MPC材料展开研究,积累了大量的数据和资料。然而,由于不能很好地调控MPC材料的凝结时间,相较于发达国家而言,我国对MPC材料的研发与应用尚停留在初期阶段。因此,本研究为实现MPC及其复合材料在我国的工程应用奠定了理论基础,为实现特殊工程的施工提供了研究基础。此外,本研究的成果具有显著的经济效益、社会效益和环境效益。

1.2.2　磷酸镁水泥的组成设计

磷酸镁水泥(MPC)的主要成分包括重烧氧化镁粉料、磷酸盐粉料、缓凝剂与矿物掺合料等,由它们按照一定比例配制而成。其中,氧化镁粉料是非常关键的成分,由菱镁矿(主要成分为$MgCO_3$)在1 700 ℃的高温环境中煅烧而成。

目前,根据国内外学者的研究成果,影响MPC材料的主要因素包括氧化镁与磷酸盐的摩尔比、缓凝剂的种类、氧化镁的活性和比表面积、用水量等。

1.2.2.1　氧化镁与磷酸盐的摩尔比对MPC材料的影响

李鹏晓的观点是氧化镁与磷酸盐的摩尔比(M/P)在很大程度上影响着MPC的强度。他把氧化镁与磷酸二氢钾按照1:1~8:1的比例进行调配,并测定了1 h、7 h、24 h后MPC

材料的强度。结果发现,整体净浆的强度随着氧化镁含量的提高而不断提高,1 d 后 MPC 材料的最高强度接近 46 MPa。

姜洪义等进行试验之后发现:当氧化镁和磷酸二氢铵的摩尔比(M/P)为 4~5 时,磷酸镁水泥净浆的强度最高;当 M/P = 4 时,3 h 后 MPC 材料的抗压强度可达到将近 40 MPa,1 d 后抗压强度可达到将近 56 MPa,28 d 后抗压强度可达到约 80 MPa。

Weill 等的观点是,在磷酸镁水泥体系中,氧化镁是过量的,过量的氧化镁充当水化体系的骨架而发挥作用,有利于提升固化体的强度和稳定性。不过氧化镁与磷酸盐的配比要保持在合适的范围内,如果水泥体系中氧化镁含量不足,就会导致反应不充分,进而导致固化体的强度日益降低;反之,如果氧化镁的含量过高,就会增大反应速率,进而加快热量的释放速度,缩短凝结时间,不利于 MPC 材料的使用。因此,选择合适的氧化镁与磷酸盐的配比是很重要的。

1.2.2.2　缓凝剂的种类对 MPC 材料的影响

缓凝剂在 MPC 的配制过程中发挥着重要的作用。如图 1-1 所示,不同的缓凝剂对调配后 1 d 后 MPC 材料强度的影响最大。随着时间的延长,21 d 后 MPC 材料的强度变化不是很明显,这表示缓凝剂的种类对 MPC 材料早期强度的影响较大。

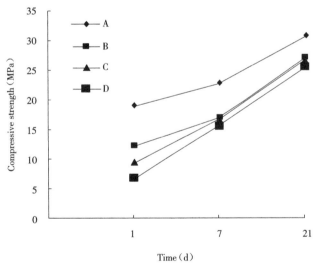

图 1-1　缓凝剂对 MPC 早期强度的影响

Figure 1-1　Effect of retarder on the early strength of MPC

1.2.2.3　氧化镁的活性和比表面积对 MPC 材料的影响

用于配制磷酸镁水泥的氧化镁普遍选用的是过烧氧化镁。氧化镁的活性是磷酸镁水泥配制过程中非常关键的因素,磷酸镁体系的水化反应速度在很大程度上取决于氧化镁的含量,但是氧化镁的活性存在差异,就会导致磷酸镁水泥的性能存在差异。此外,Tomic 的相关研究表明,伴随着氧化镁的比表面积逐渐增大,磷酸镁水泥的固化速度逐渐提高,凝结过程所需的时间逐渐缩短,早期强度逐渐提升。但是氧化镁的比表面积不能无限增大,而是需要控制在合理的范围内,以期最大限度地提升材料的可操作性。

1.2.2.4 用水量对 MPC 材料的影响

李鹏晓等重点探讨了用水量对 MPC 材料的早期强度的影响,并得出以下结论:随着水灰比的增大,MPC 材料的强度逐渐降低。姜洪义等研究发现:当水灰比为 0.1 的时候,MPC 材料 28 d 的强度已达最大值,这是因为随着水灰比的不断减小,MPC 材料的孔隙率越来越小;而当水灰比小于 0.1 时,MPC 材料不具有良好的流动性,就会导致 MPC 材料存在较大的孔隙,不易形成密实结构,进而造成 MPC 材料的强度无法提升。因此,在磷酸镁水泥的制备过程中,确定适当的用水量非常关键。

1.2.2.5 其他因素对 MPC 材料的影响

诸多研究表明,粉煤灰价格低廉、来源广泛,作为磷酸镁水泥的矿物掺合料不仅可降低水泥的配制成本,而且可调整磷酸镁水泥的颜色和改善磷酸镁水泥的性能。未掺粉煤灰的磷酸镁水泥水化后颜色为黄褐色,与通常要修补的混凝土颜色相差较大,而加入粉煤灰后其颜色与普通混凝土路面颜色相近。虽然粉煤灰的掺加会降低 MPC 材料的早期强度,但合适的掺量可提高 MPC 材料的后期强度。此外,温度升高可提高 MPC 材料的早期强度,但对其后期强度的影响不大。注意,过高的温度不利于 MPC 材料强度的发展。另外,在干燥的空气中养护的 MPC 材料的强度发展要比在水中养护的好。

1.2.3 磷酸镁水泥的基本性能

1.2.3.1 凝结时间

设置合理的水化反应速度可以最大限度地推动施工进程,但水化反应速度过快会造成材料浇筑以及成型所需的时间不足,进而导致水化反应不充分,最终影响材料的性能。磷酸镁水泥相较于硅酸盐水泥而言具备更快的水化反应速度,因此调控磷酸镁水泥的凝结时间就显得至关重要。

(1)氧化镁颗粒的粒度及表面活性

氧化镁颗粒是磷酸镁水泥的主要成分,在水化反应中发挥着至关重要的作用,在影响凝结时间和水化反应速度方面非常关键,因此氧化镁颗粒的性能受到更多的关注。Soudée 等主要探讨了不同的煅烧温度对于氧化镁活性的影响。结果发现,经过煅烧的氧化镁颗粒显示出了致密性较好、结晶程度较高、表层缺陷较少、比表面积较小的特性(图 1-2),这些特性都会影响氧化镁的活性。500~1 000 ℃时,碳酸镁分解为氧化镁。1 000~1 250 ℃时,氧化镁的表层会出现熔融重组的现象,导致氧化镁的活性降低。一旦煅烧温度超过 1 250 ℃,就会造成氧化镁的活性显著下降。

（a） （b）

图 1-2　氧化镁的表面结构

（a）煅烧前 （b）煅烧后

Figure 1-2　Surface structure of MgO

（a）Not calcined （b）Calcined

氧化镁颗粒的比表面积在很大程度上取决于氧化镁颗粒的细度,并在此基础上影响磷酸镁水泥的凝结时间和水化反应速度。随着氧化镁颗粒比表面积的不断增大,水化反应速度逐渐加快。常远等把氧化镁放置在磨机中粉磨不同的时间得到不同粒径的氧化镁颗粒,并深入研究了氧化镁颗粒细度对磷酸钾镁水泥性能的影响。结果表明,结合凝结时间和强度综合考量,氧化镁颗粒细度（以比表面积表示）的最优范畴为 200~300 m²/kg。

（2）缓凝剂的种类及掺量

Stierli 等通过研究了解到,掺加可溶性硼酸盐可以适当地延长磷酸镁水泥的凝结时间。Sugama 等研究了硼砂（$Na_2B_4O_7 \cdot 10H_2O$）在氧化镁－磷酸二氢铵体系中所发挥的缓凝作用,结果发现掺入的硼砂量为 20% 时,可以将磷酸镁水泥的凝结时间延长到 20 min。

Sarkar 深入探讨了不同缓凝剂对磷酸镁水泥的缓凝效果,他认为氯化钠、硼酸盐和三聚磷酸钠的缓凝效果较好。Seehra 等在实际的水化放热试验中发现,硼砂的添加在很大程度上降低了水化反应中热量释放的速度,同时也延迟了水化温度最高峰出现的时间。姜洪义、夏锦红、汪宏涛等所做的研究工作也得出了相似的结论。

杨全兵等重点研究了不同缓凝剂对氧化镁与磷酸二氢铵体系凝结时间的影响。结果表明,由于三聚磷酸钠在磷酸盐饱和溶液中的溶解度比较小,影响到三聚磷酸钠的有效掺量,在磷酸镁水泥中加入三聚磷酸钠后,凝结所需的时间为 15 min,而添加硼酸、硼砂后,磷酸镁水泥凝结所需的时间较长。

2013 年,杨建明研制出一种新型复合型缓凝,该缓凝剂的主要成分为硼砂、磷酸氢二钠和无机盐等。在不断调节溶液 pH 值以及水化反应温度的条件下,掺合了该新型复合型缓凝剂的磷酸镁水泥凝结所需要的时间被延长至 112 min。

（3）水灰比及酸碱比例

磷酸镁水泥体系中的水既可以被视为水化反应的媒介,又可以作为反应物切实地参与水化反应。Popovics、Hall 等所做的研究工作都证实,随着水灰比的不断增大,磷酸镁水泥浆体的流动性逐渐增大,导致凝结所需的时间延长,硬化体的抗压强度下降。

Weill 等的相关研究表明,氧化镁颗粒含量过高,会在一定程度上促进水化反应的进行,从而缩短凝结时间,最终影响磷酸镁水泥的实际应用。

Sugama 等重点研究了不同酸碱比例的磷酸镁水泥的水化特性,发现随着体系中氧化镁含量的不断增加,水化反应的速率逐渐增大,热量释放的速度逐渐加快。杨全兵等所做的研究工作证实,随着体系内磷酸盐含量的降低,磷酸镁水泥凝结所需的时间逐渐缩短。

Abdelrazig 等以适当的酸碱比例制备磷酸镁水泥,发现在合适的酸碱比例下水泥浆体的凝结时间、早期强度等性能均比较好。

（4）成型温度和掺合料

杨建明、李宗津等在相关研究过程中发现,磷酸镁水泥凝结所需的时间随环境温度的变化而变化,且两者之间呈现负相关性。Seehra 等使用温度较低的水配制磷酸镁水泥浆体,发现在气温较高的时候,磷酸镁水泥浆体凝结所需的时间延长,不过延缓凝结的效果不明显。汪宏涛将磷酸镁水泥材料置于 −10 ℃ 的环境中进行养护,发现磷酸镁水泥依然可以维持快凝、快硬的状态,这说明磷酸镁水泥在较低温度下各项性能均良好。

1.2.3.2 强度

高强度意味着紧密的微观结构、良好的晶体生长状态、合理的结构组成和配比。磷酸镁水泥在短期内就能迅速发展强度,影响磷酸镁水泥强度的主要因素包括以下几方面。

（1）磷酸盐与氧化镁的摩尔比

磷酸盐与氧化镁的摩尔比(即酸性组分和碱性组分的比例)对磷酸镁水泥的凝结时间、水化反应速率以及强度等有较大的影响。磷酸镁水泥硬化体由各种水化产物和未参与反应的氧化镁组成。

现有的研究结论均证实,氧化镁颗粒的硬度高于磷酸盐水化物,因此磷酸盐水化物的生成量仅仅需要满足两个条件——填补氧化镁颗粒间的空隙且发挥适当的联结与胶凝作用即可。而过量的氧化镁颗粒扮演细骨料的角色,用于提高硬化体的抗压强度。杨全兵等通过试验得出的相关结论显示,在磷酸盐与氧化镁的用量满足一定比例的要求时,磷酸镁水泥材料的抗压强度与氧化镁含量正相关。Weill 等研究发现,如果体系中氧化镁含量过低,就会导致磷酸盐无法真正地参与水化反应过程而滞留于体系内部,并且因为磷酸盐可以溶于水,就会导致磷酸镁水泥基体强度不稳定和倒缩。反之,如果体系中氧化镁含量过高,就会不可避免地加快反应速度,释放出更多的热量,导致水化产物产生更多的缺陷。当酸性组分和碱性组分的比例在 1∶5 与 1∶4 之间的时候,磷酸镁水泥硬化体的早期和后期强度均表现良好。

（2）氧化镁颗粒的比表面积

杨全兵等在试验中发现,氧化镁颗粒的比表面积会对磷酸镁水泥的早期强度产生影响。随着氧化镁颗粒比表面积的逐渐增大,氧化镁和磷酸盐接触的面积也会逐渐增大,推动了磷酸镁水泥的水化进程。相应地,用其配制的磷酸镁水泥试件的早期强度逐渐提升,但氧化镁颗粒的比表面积在磷酸镁水泥后期强度增加的过程中发挥的作用并不显著。如图 1-3 所示,常远等通过试验发现氧化镁比表面积对掺有复合缓凝剂的磷酸镁水泥性能的影响在早期并不显著,在 28 d 龄期后才逐渐显现出差异。试验结果表明,使用比表面积为 238 m²/kg 的氧化镁颗粒配制的磷酸镁水泥试件的强度最高。通过进一步试验,他们指出粒径分布在 30~60 μm 的氧化镁颗粒对磷酸镁水泥后期强度的影响最大。

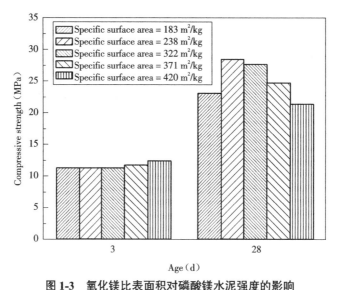

图 1-3　氧化镁比表面积对磷酸镁水泥强度的影响

Figure 1-3　Effect of MgO specific surface area on strength of MPC

（3）水灰比

磷酸镁水泥对水灰比的变化十分敏感。随着水灰比的不断增大,磷酸盐修补材料的流动性显著提升,不过抗压强度明显下降。丁铸和李宗津制备了不同水灰比的磷酸镁水泥净浆试件,探究了不同水灰比对磷酸镁水泥强度的影响。相关的试验结果如图 1-4 所示。从图中可以得知,水灰比只增加了 0.05,其抗压强度却下降了约 40%。丁铸和李宗津还通过压汞试验对水灰比对磷酸镁水泥孔径分布的影响进行了探究,发现高水灰比会导致磷酸镁水泥基体存在较多孔隙,使其抗压强度进一步降低。Hall 等研究得出的结论和上述结论一致。

（4）养护环境

养护环境对磷酸镁水泥的强度发展也有着不可忽视的作用。Popovics 和 Rajendran 研究了磷酸镁水泥在寒冷、常温及高温等不同温度条件下的早期强度及早期强度的发展规律。结果发现,热养（即在高温条件下养护）可加快磷酸镁水泥强度的发展速度,提高水泥的早期强度,但对磷酸镁水泥后期强度的影响很小,而且太高的温度会对磷酸镁水泥强度的增加产生阻碍作用。如图 1-5 所示,磷酸镁水泥早期强度的增加也受到负温的不利影响。汪宏涛使用氨水作为抗冻剂,并借助预养护的手段实现了低温环境中磷酸镁水泥强度的良好发展。

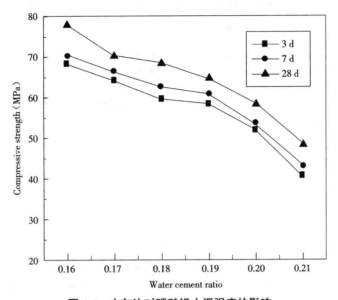

图 1-4　水灰比对磷酸镁水泥强度的影响

Figure 1-4　Effect of water cement ratio on strength of MPC

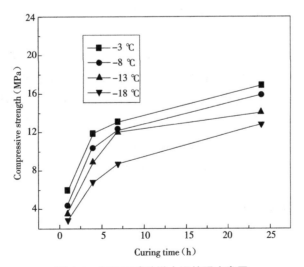

图 1-5　负温下磷酸镁水泥的强度发展

Figure 1-5　Strength development of MPC at negative temperature

李东旭等所做的试验显示,磷酸镁水泥在空气比较干燥的环境中的强度发展速度显著快于处于日常养护状态下的试件(图1-6)。主要原因归结为两方面：一方面,当试件浸泡在水中时,水浸入材料内部,使未及时反应的磷酸盐溶出,导致水化反应因为缺少足够的反应物而停止,造成水化产物生成量不足,导致磷酸镁水泥强度下降；另一方面,水能溶解和水解磷酸盐的水化产物,从而造成硬化体的密实度下降、孔隙率上升,造成磷酸镁水泥强度不足。

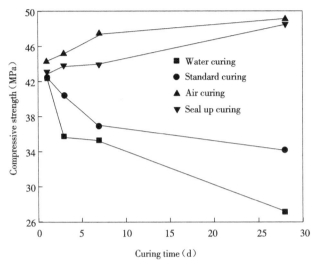

图1-6　不同养护方式下磷酸镁水泥的强度发展

Figure 1-6　Strength development of MPC under different curing methods

（5）矿物掺合料

很多学者把矿物掺合料加到磷酸镁水泥基材料中,并深入探讨其对磷酸镁水泥性能的影响。粉煤灰是磷酸镁水泥体系最普遍使用的矿物掺合料。杨全兵等所做的试验显示,加入粉煤灰后的试件1 h的抗压强度降低,不过24 h的强度逐渐升高。除此之外,加入粉煤灰还可以在很大程度上提高磷酸镁水泥浆体的流动性,进而提高硬化体的密实度。这主要是因为粉煤灰颗粒可以有效地填补水化产物间的空隙,如果是球形的粉煤灰颗粒,还可以进一步发挥滚珠效应。丁铸等针对磷酸镁水泥展开了深入的研究工作。结果发现,加入粉煤灰之后磷酸镁水泥的强度逐渐提升。林玮等系统地研究了粉煤灰对磷酸镁水泥宏观性能和微观特性的影响,并提出了粉煤灰在磷酸镁水泥体系中发挥的四种效应,即粉煤灰的活性效应、形态效应、微集料效应以及对磷酸根离子的吸附效应。

1.2.4　磷酸镁水泥的耐久性

相较于硅酸盐水泥,磷酸镁水泥具有自身独特的优势,其表现出的长期耐久性能也与普通硅酸盐水泥不同。现在针对磷酸镁水泥耐久性的研究工作还比较少,且不够深入,研究内容大体集中在以下几个方面。

1.2.4.1 耐水性

以氧化镁为胶凝组分的镁质水泥包括磷酸镁水泥、硫氧镁水泥和氯氧镁水泥等。这些胶凝材料都有一个共同的缺点,那就是,当试件长期浸泡在水中时,其强度会发生一定量的倒缩。磷酸镁水泥在水中的强度损失值跟原材料的组成以及磷酸盐组分的含量等密切相关。李东旭等所做的试验显示,经过浸水养护之后磷酸镁水泥净浆硬化体的 28 d 抗压强度比空气养护条件下的试件的抗压强度倒缩了 45.2%。此外,随着养护环境湿度的不断增大,处于空气养护条件下的试件的抗压强度不断下降。这表示长期处于潮湿环境中会导致磷酸镁水泥强度发展不良,后期强度下降更严重,且耐水性能不好。磷酸镁水泥基材料耐水性不良的主要原因在于水浸入基体中,将未完全反应的磷酸盐溶出,可溶性的磷酸盐溶解在水中使得溶液的 pH 值下降。作为主要水化产物且要很大程度上决定硬化体的抗压强度等性能的六水合磷酸钾镁($MgKPO_4 \cdot 6H_2O$,简称 MKP)的溶解度跟 pH 值有较大的关系,当 pH 值减小,使溶液呈酸性环境时,MKP 开始从基体中溶出,造成基体孔隙率增大,强度下降。杨建明等向磷酸镁水泥体系中掺加水玻璃,发现水玻璃可以很好地提升磷酸镁水泥基材料的耐水性能。在水化反应初期添加水玻璃,会在很大程度上提高磷酸镁水泥的早期抗压强度。除此之外,水玻璃可以和镁离子(Mg^{2+})发生反应,生成水合硅酸镁凝胶,该凝胶可以填补硬化体内部的孔隙,阻止外界的水浸入基体,即能够有效地阻止未参与水化反应的磷酸盐和水化产物的溶解,从而提升材料的耐水性能。

1.2.4.2 抗冻融循环性能与抗盐冻剥蚀性能

寒冷地区的混凝土结构常常由于冻融循环而遭到破坏,特别是在除冰盐的作用下,混凝土结构的破坏现象更为明显。李鹏晓等的试验表明,磷酸镁水泥试件经过 40 次冻融循环之后,还不能客观全面地检测到表层的损害。丁铸等把经历了 30 次冻融循环的磷酸镁水泥试件置于试验室中 60 d,发现磷酸镁水泥试件的强度还存在很大的提升空间。这证实磷酸镁水泥基体的微观结构比较好,并未受到很大的损害,而硅酸盐水泥基体的微观结构已经遭到破坏。杨全兵等的试验结果证实,磷酸镁水泥砂浆和混凝土的抗盐冻剥蚀能力优于引气 4.5%~6.5% 的普通混凝土(图 1-7)。此外,他们从孔隙率的角度分析并指出,磷酸镁水泥砂浆有着较高的含气量和较小的气泡间距系数,但没有对磷酸镁水泥的微观结构作进一步分析。另一方面,磷酸镁水泥较低的水灰比也是其抗冻能力优于普通硅酸盐水泥的重要原因。

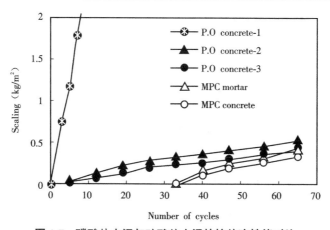

图 1-7 磷酸盐水泥与硅酸盐水泥的抗盐冻性能对比

Figure 1-7 **Comparison of salt and frost resistance between MPC and P.O**

1.2.4.3 抗钢筋腐蚀性能

杨全兵等通过使用快速干湿循环的模式,深入研究了钢筋锈蚀失重率的问题,结果发现,相较于普通水泥,磷酸镁水泥砂浆的护筋性能良好。磷酸镁水泥材料具有极好的耐化学腐蚀性能,主要原因在于其内部含有可溶性磷酸盐。可溶性磷酸盐可以在金属的表层生成一层比较致密的膜,从而在金属工艺环节有效地防止金属受到腐蚀。李东旭等把磷酸镁水泥砂浆试件长期放置于硫酸盐溶液中,发现经过硫酸盐溶液长期浸泡的磷酸镁水泥材料的性能比较稳定。

1.2.4.4 耐磨性

杨全兵等根据规范《混凝土及其制品耐磨性试验方法(滚珠轴承法)》(GB/T 16925—1997)中提到的试验方法对磷酸镁水泥展开了耐磨性研究,结果显示,磷酸镁水泥的耐磨性能远远地超过一般的硅酸盐水泥。磷酸镁水泥基材料的耐磨性能比较好的原因是磷酸镁水泥基体中存在氧化镁颗粒。这些氧化镁颗粒可以在很大程度上充当骨料的角色,发挥骨料的作用,提升磷酸镁水泥基材料的耐磨性能。

1.2.4.5 抗盐类腐蚀性

金属氧化物与磷酸盐反应是制备磷酸盐水泥较常用的方法,有多种金属氧化物可作为磷酸盐水泥的碱性组分。由于富镁元素的矿藏资源丰富且镁的磷酸盐都比较稳定,因此以重烧氧化镁为碱性组分的磷酸镁水泥得以开发和应用。相关研究表明,相较于硅酸盐水泥,MPC 材料具备快硬、高早强、环境温度适应性强、耐磨性好、抗冻能力强等优势。20 世纪末国外已有使用 MPC 基材料修补机场跑道和市政道路的工程实例,验证了 MPC 材料良好的耐久性。之后 20 年,MPC 被用作土木工程结构材料(混凝土结构修补、防腐和防火涂层等)和生物材料,以及用于有毒废弃物固化等众多领域,并已有产品投入市场。但关于 MPC

的文献主要集中在 MPC 体系的组成结构、水化机理、物理力学性能和修补性能等方面,有关 MPC 体系的耐久性,尤其是关于 MPC 体系抗盐类腐蚀的关键技术及其机理鲜有报道。

赵江涛等将一定龄期的 MPC 砂浆长期浸泡在淡水中,证明其剩余抗压强度仍超过 70%。杨全兵等将 MPC 砂浆分别养护 7 d 和 28 d 后,浸泡于淡水中 30 d 和 90 d,证实其强度倒缩不超过 20%,且随着养护时间的延长,强度倒缩率降低。李东旭团队系统研究了 MPC 净浆的早期水稳定性,证实在标准养护和淡水养护条件下,MPC 净浆硬化体的 28 d 抗压强度跟空气养护条件下的相比分别倒缩了 29.6% 和 44.2%,由此说明在形成足够的结构强度之前将 MPC 净浆试件置于水环境中,硬化体的抗压强度损失较大。结合微观分析结果,刘凯和李东旭提出 MPC 净浆早期水稳定性差的主要原因是 MPC 浆体中少量未反应的磷酸盐溶出,改变了养护水溶液的 pH 值,导致主要水化产物 MKP 在酸性环境中水解和析出,使硬化体的孔隙率增大;且 MPC 硬化体中水化"未成熟"的产物吸水后会在硬化体内部大孔(孔径 >100 nm)中生成大量膨胀性针状 MKP 结晶,结晶应力导致硬化体结构劣化。为此,后续的相关研究集中在改善 MPC 体系的水稳定性方面。盖蔚、陈兵、黄义雄和毛敏等采取掺硅溶胶、微硅粉、分散乳胶粉、粉煤灰、铁盐、铝盐和在试件外涂防水剂等措施,填充 MPC 基体的孔隙,消耗部分磷酸盐,形成憎水性保护膜,从而改善了 MPC 浆体的早期水稳定性。杨建明等在前期研究中发现,通过复合缓凝剂控制 MPC 浆体的凝结时间和水化反应速度,再采取提高碱性组分的比例、掺水玻璃和粉煤灰等措施,可以显著改善 MPC 浆体的早期水稳定性。

雒亚莉用不同浓度的氢氧化钠溶液、氯化钠溶液、硫酸钠溶液和盐酸浸泡 MPC 材料,仔细探究了 MPC 材料在其中发生的变化和强度的发展规律,进而准确地掌握了 MPC 材料的性能在溶液中的变化规律。

汪宏涛使用硫酸钠溶液、硫酸镁溶液以及氢氧化钠溶液等进行了相似的试验,得到的最终结论和雒亚莉的大体相同。两位学者均认为盐溶液的 pH 值和 MPC 体系的水化产物 MKP 的 pH 值差不多,并不会在很大程度上影响水化产物的稳定性。汪宏涛与丁铸所做的试验研究都显示,处于同等条件下的 MPC 材料在硫酸镁溶液中浸泡之后的强度超过了在硫酸钠溶液中浸泡后的强度,他们认为其中的原因是硫酸镁溶液为 MPC 的水化反应过程提供了镁离子,进而提高了 MPC 材料的水化程度。甄树聪等重点研究了氯化钠溶液对 MPC 砂浆性能的影响,并证明了 MPC 砂浆的抗氯离子渗透能力显著地强于硅酸盐水泥砂浆。蒋江波等使用海砂、海水等配制 MPC 砂浆,并研究了其早期强度的特点和抗海水侵蚀的能力。结果表明,使用海砂和海水等配制而成的 MPC 砂浆最长可以在海水中浸泡 180 d,且强度保持不变,这在很大程度上证实了该 MPC 砂浆具有较强的抗海水侵蚀能力。

丁铸等将水化 3 d 后的 MPC 砂浆试件和水化 28 d 后的硅酸盐水泥砂浆试件分别浸泡在浓度为 4% 的氯化钙溶液中进行冻融循环试验,结果显示 30 次冻融循环对 MPC 砂浆的外观和强度基本无影响,而同条件下的硅酸盐水泥砂浆试件的抗压强度则大幅度下降。

丁铸等认为在 MPC 砂浆的水化过程中由放热产生的水蒸气在迅速硬化的 MPC 基体中来不及逸出而形成较多气孔,其中较大的气孔会被后期的水化产物填充而形成较小的封闭气孔,封闭气孔改善了 MPC 硬化体的抗盐冻能力。熊复慧用 4% 的氯化钠溶液浸泡改性 MPC 砂浆并进行 100 次循环的冻融试验,结果表明经改性后的 MPC 砂浆的强度损失率低于 10%,验证了 MPC 体系良好的抗盐冻能力。

综上所述,目前我国已有关于 MPC 体系的早期水稳定性、腐蚀介质中的短期侵蚀行为和处于氯盐溶液 – 冻融双重损伤状态下的短期侵蚀行为等的一系列研究,但关于 MPC 材料长期处于水环境中的性能劣化规律及其机理,MPC 材料长期处于盐类腐蚀环境中的硫酸盐侵蚀行为及其机理,MPC 材料处于硫酸盐溶液干湿循环、冻融循环多重损伤条件下的硫酸盐侵蚀行为及其机理等方面的内容鲜有报道。

1.2.5　磷酸镁水泥的水化机理

相关专家认为磷酸镁水泥的反应机理是建立在微溶盐的酸碱反应的基础上的。下面以磷酸二氢铵(又称为磷酸一铵)为例展开探讨。MPC 粉末与水混合后,置于水环境中,磷酸二氢铵会快速溶解并产生 NH_4^+、H^+ 和 PO_4^{3-},氧化镁粉末在遇到水和氢离子后,颗粒表面溶解生成 Mg^{2+},游离出的 Mg^{2+} 与 NH_4^+ 和 PO_4^{3-} 结合,生成一种没有固定形态的镁 – 磷酸铵盐络合物水化凝胶,即 $MgNH_4PO_4 \cdot 6H_2O$(鸟粪石),该物质被认为是最主要的反应产物。随着反应的进行,反应产物逐渐结晶析出。

磷酸镁水泥水化产物的类型、特点与材料性能间的关系始终备受重视。磷酸镁水泥水化产物主要是 $MgNH_4PO_4 \cdot 6H_2O$,另外还含有少量的 $MgNH_4PO_4 \cdot H_2O$ 和 $Mg_3(PO_4)_2 \cdot 4H_2O$ 等水化产物。

Sugama 和 Kukacka 重点探讨了氧化镁和磷酸二氢铵的反应体系。他们认为,早期反应需要水溶液的参与,其在整个反应中充当着媒介的作用。$NH_4H_2PO_4$ 与等物质的量的 MgO 结合生成多分子结构化合物 $(MgNH_4PO_4 \cdot 6H_2O)_n$,它可形成一个链状 O—P—O—Mg—O—P 环,该环被富氢分子和基团(如 H_2O 和 $NH_4^+ \cdot H_2O$)包围,可与过量的水、$NH_4H_2PO_4$ 及 $MgNH_4PO_4 \cdot 6H_2O$ 等形成氢键,进一步形成胶体状粒子。这些粒子通过类凝胶作用凝结在过量的氧化镁粒子表面,实现初始的固化反应。

Sugama 和 Kukacka 主要针对氧化镁 – 磷酸氢二铵体系以及氧化镁 – 聚磷酸铵体系开展了研究。在他们看来,MPC 的反应机理和波特兰水泥的水化机理存在很多相似之处,不同之处仅仅是 MPC 水化反应所需的时间更短。他们认为反应之初为极性反应,即 Mg^{2+} 与磷酸氢二铵分子上—OH 和—O(NH_4)基团的带负电的氧原子反应,H^+ 和 NH_4^+ 被 Mg^{2+} 所取代并逐渐形成凝胶状产物。由 X 射线衍射(XRD)、红外线光谱(IR)分析推测,反应产物有 $MgNH_4PO_4 \cdot 6H_2O$、$MgNH_4PO_4 \cdot 4H_2O$、$MgNH_4PO_4 \cdot 3H_2O$ 及少量的 $Mg(OH)_2$,其中片状 $MgNH_4PO_4 \cdot 6H_2O$ 晶体对材料早期强度的发展贡献最大。根据差示扫描量热(DSC)法的结果计算得出氧化镁 – 磷酸氢二铵体系的反应活化能为 127 kJ/mol。

Sugama 和 Kukacka 进一步指出,将聚磷酸铵作为单磷酸铵的替代物添加到 MPC 的配制体系中时,固化体的早期强度比较高,不过相关机理并不明晰。Popovics 等也对氧化镁 –

磷酸二氢铵体系进行了探索,并根据 XRD、IR、SEM 的结果分析和提出氧化镁 – 磷酸二氢铵体系的反应机理。他们认为 MPC 固化反应的速度决定了主要反应产物的类型:反应速度快时以 $MgNH_4PO_4·H_2O$ 为主,反应速度慢时则以 $MgNH_4PO_4·6H_2O$ 为主。由此推测,氧化镁和磷酸二氢铵第一步反应的产物是 $MgNH_4PO_4·H_2O$;随着反应的进行,在大量水的存在下逐渐转变为 $MgNH_4PO_4·6H_2O$。

Abdelrazig 等针对 MPC 材料开展了系统的研究工作。他们主要研究了氧化镁 – 磷酸二氢铵体系,得出了与 Sugama 和 Kukacka 不一样的研究结论。根据 DTA 及 XRD 的分析结果,Abdelrazig 等认为 MPC 固化时首先生成中间体$(NH_4)_2Mg(HPO_4)_2·4H_2O$,然后再转变为针状 $MgNH_4PO_4·6H_2O$ 晶体,最终形成的产物中只含少量的 $MgNH_4PO_4·H_2O$。Abdelrazig 等认为,聚磷酸钠在一定程度上可被视为一种缓凝剂,和 Mg^{2+} 络合能进一步降低水化反应的速度,又能够不断提升 MPC 材料的性能,而且它的存在有助于$(NH_4)_2Mg(HPO_4)_2·4H_2O$的生成,从而进一步影响 $MgNH_4PO_4·6H_2O$ 的形成。

Wagh 重点对磷酸镁水泥凝结硬化的过程进行了科学合理的解读。他通过对凝结硬化过程中的产物进行分析,将 MPC 水泥硬化过程划分成下面几个主要阶段。

1)氧化镁溶解阶段。氧化镁溶解于水,产生的水溶胶与 MPC 和水融合,由于 $H_2PO_4^-$ 的存在,浆体呈现弱酸性,进一步导致氧化镁的溶解,生成 Mg^{2+}。Mg^{2+} 与水结合发生水化反应,在此过程中产生一种水溶胶。在氧化镁溶解阶段,溶解与水化反应发挥着至关重要的作用。

2)酸碱反应阶段。早期水化产物发生自身相变,水和溶出离子迅速透过水溶胶层,缩短了水化反应所需的时间,非结晶态磷酸盐水化物逐渐增多。由此,水化产物的体积逐渐胀大,导致保护层裂开。除此之外,逐渐增多的 Mg^{2+} 被溶液稀释,生成了一系列水化产物,这些水化产物彼此不断联结,形成了一种盐分子凝胶体。

3)凝胶体饱和结晶阶段。随着反应的进行,更多的反应产物聚集到凝胶体中;水化物晶核不断生长、长大、相互接触和连生,使得磷酸镁水泥浆体内形成了一个以 MgO 颗粒为框架、以磷酸盐结晶水化物为黏结料的结晶结构网,从而使磷酸镁水泥浆体硬化为有很高力学性能的硬化体。

1.2.6 磷酸镁水泥的黏结修补性能

目前,MPC 材料主要用于混凝土结构的修复与加固。从修补的角度看,仅仅探索 MPC 材料的工作性能和普通力学性能是远远不够的,还应该将这一材料的体积稳定性、黏结性以及耐久性作为研究的重点。

1.2.6.1 体积稳定性

在实际工程状况中,大多数混凝土结构所处环境的温度和湿度均在不断变化。当外界温度发生变化,或者水分蒸发时,修补材料本身受到温度应力等的影响会发生一定量的变形,该变形会产生一定的拉应力,当产生的拉应力超过材料本身的抗拉强度时,材料就会发生开裂。当修补材料与混凝土结构基体的变形程度不一致时,由于拉应力的作用界面会发生开裂,从而导致界面部位的黏结失效,最终导致修补不成功。

为了探究 MPC 材料的体积与形状的变化规律,国内外专家和学者开展了一系列研究工作。汪宏涛、唐春平重点研究了胶砂比、硼砂掺量、水胶比、粉煤灰等因素对 MPC 材料的干缩性能的影响。结果表明,原材料组成及配比的变化对 MPC 材料的体积收缩有很明显的影响,但 MPC 材料的体积稳定性总体上仍是优于硅酸盐材料的。

Qiao 等主要探讨了砂胶比、M/P 对 MKPC(使用磷酸二氢钾配制的 MPC)砂浆干燥收缩变化的作用,此外还分析了普通硅酸盐水泥(OPC)砂浆的干燥收缩程度。如图 1-8 所示,一般情况下,MPC 砂浆的 7 d 收缩率约为硅酸盐砂浆的一半。在砂胶比为 1.5 时,随着 M/P 由 7 逐渐增大至 14,干燥收缩率逐渐减小;砂胶比和干燥收缩率也呈正相关关系,后者会随前者的增大而增大。

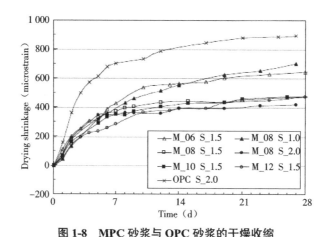

图 1-8　MPC 砂浆与 OPC 砂浆的干燥收缩

Figure 1-8　Drying shrinkage of MPC mortar and OPC mortar

熊复慧简单地对比了 $NH_4H_2PO_4$、KH_2PO_4 及粉煤灰对 MPC 净浆干缩性能的影响。结果发现,当 M/P = 2,水胶比为 0.19~0.20 时,掺 KH_2PO_4 的 MPC 净浆硬化时出现持续的微膨胀现象,28 d 膨胀率可达 5×10^{-4};而掺 $NH_4H_2PO_4$ 的 MPC 净浆硬化时则表现出收缩趋势,28 d 收缩率超过 3×10^{-4},加入粉煤灰可在一定程度上抑制磷酸镁水泥石的收缩。

Josephson、Stefanko 等研究发现,MKPC 浆体在初始凝结、硬化过程中不可避免地出现了显著的热膨胀问题;Gardner 研究发现,在 MKPC 试件中添加矿渣以及粉煤灰也会导致膨胀现象的发生,这种膨胀并非通常情况下的热膨胀。Walling 与 Provis 针对 MKPC 的膨胀现象展开研究,发现在 MKPC 体系中加入磷酸二氢铵之后未出现膨胀现象,所以他们认为,膨胀问题在很大程度上归因于 MKPC 自身,想要广泛地应用 MKPC 材料还存在很多的阻碍,必须逐步地进行探讨。

杨全兵经过试验研究发现,MPC 砂浆的热膨胀系数可达到 9.6×10^{-6}/℃,干缩率可达到

$0.34 \times 10^{-4}/℃$，而在同一状态之下 OPC 砂浆的上述两个数值依次是 $7 \times 10^{-6}/℃$ 以及 $6 \times 10^{-4}/℃$，这表明 MPC 砂浆和 OPC 砂浆的热膨胀性能比较接近，在温度变化时，体积变化相差不大；而在干缩率方面，OPC 的数值远远超过 MPC，因此可以在较短的时间内完成干缩，这就让两者间存在较好的体积相容性。林玮等从酸碱比、水灰比和掺合料的角度对 MPC 的干缩性能展开了系统化的研究，得到了一样的结论。

总体而言，MPC 材料的体积稳定性是普遍优于 OPC 等材料的。Abdelrazig 等认为，出现此现象的主要原因是 MPC 材料的水胶比较低，水化产物所占的体积分数较小，且水化产物是 MKP 晶体，而 OPC 的水化产物则是 C-S-H 凝胶，通常当温度发生变化时，晶体的体积变形程度小于凝胶体。但不同学者的研究成果中涉及的试验环境、原材料品质、配合比、体积变形的测定基准不一致，造成浇筑后的 MPC 浆体表现出截然不同的体积变形规律。此外，很少有学者将 MPC 的体积变形与黏结性能发展联系在一起。

众所周知，新浇筑材料的体积变形从浇筑成型的那一刻就已经出现了，其对黏结性能的影响也基本上从失去塑性状态开始产生。因此，选择初次测定新浇筑材料的体积变形的时间点非常重要。

1.2.6.2　与旧混凝土的黏结性能

所有混凝土修补体系的性能都要受到修补材料及其与基体混凝土间的黏结质量的影响。作为一种修补材料，MPC 的黏结性能得到了很多专家和学者的重视。

苏柳铭等重点探讨了粉煤灰对 MPC 砂浆和普通水泥砂浆黏结的主要影响。在他看来，加入适当的粉煤灰可以在一定程度上提升 MPC 砂浆和普通水泥砂浆的黏结质量，这是由于粉煤灰具有微集料效应、滚珠效应等。

Formosa 等重点研究了使用低品位氧化镁（LG-MgO）制成的 MKPC 和混凝土表层的黏结性能。结果显示，MKPC 黏结试件断裂的时候，均为黏附断裂而非衔接断裂。在拉拔试验的过程中，MKPC 黏结试件也表现出较弱的黏结性能，这可能是因为接触界面上大量的孔缩减了接触面积，从而导致了黏结强度的弱化。他们还使用 SEM 重点观察了 MKPC 和 OPC 的界面（图 1-9），结果发现，MKPC 可以向 OPC 的一侧渗透，证实了 MKPC 在界面中存在机械锚固现象，这会在很大程度上提升修补后原材料的性能。

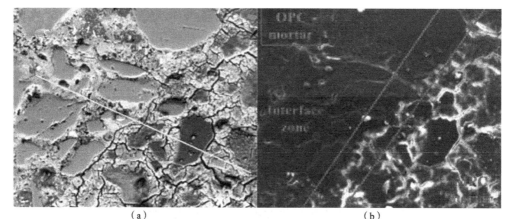

（a）   （b）

图 1-9　MKPC 砂浆与 OPC 砂浆黏结界面薄层的 SEM 图

（a）MKPC 砂浆　（b）OPC 砂浆

Figure 1-9　SEM diagrams of adhesive interface of mortar and OPC mortar

（a）MKPC mortar　（b）OPC mortar

Qiao 等借助抗折弯曲试验以及拉拔试验的方法来探讨 MKPC 和 OPC 砂浆基体间的两类不同的受力情况。试验结果显示，在黏结强度方面，MKPC 砂浆远远超过了 OPC 砂浆。在一定条件下，前者的抗折黏结强度比后者高 77%~120%，拉拔黏结强度高 85%~180%。通常而言，随着 M/P 值的减小，也就是磷酸盐用量的提高，黏结性能得到提升。Xu 等的研究结论显示，随着 M/P 值的不断增大，MKPC 和 OPC 砂浆基体间的拉拔黏结性能逐渐下降，出现这一现象的主要原因可能在于磷酸盐用量的减少会降低界面的浸润效果，减小产物 MKP 生成的可能性，最终影响界面的密实度。

杨楠从养护温度、湿度、界面湿润状态及界面剂等方面重点探讨了 MKPC 和硅酸盐水泥基体间的黏结性能，并在此基础上对 MKPC 与 OPC 的黏结性能进行了比较。结果表明，养护温度、湿度等不断提高，在一定程度上会限制 MKPC 黏结性能的提高，换言之，两者间存在负相关性。随着基体性能的不断提升，MKPC 的黏结性能也会发生一定的变化。此外，杨楠认为，相较于 OPC 而言，MKPC 具备更强的黏结性能，主要原因在于 MKPC 的干燥收缩水平比较低，且 MKPC 能与基体中已水化的产物及未水化的熟料发生化学反应。

为了更加有效地在实际工程中使用 MPC 修补材料，杨全兵等重点探讨了旧混凝土基体湿润水平对 MPC 黏结性能的影响，并得出前者对后者（特别是对后者的早期黏结强度）具有很大的负面影响的结论。所以，在实际工程中使用 MPC 修补材料时，不需要对旧基体界面进行预先润湿，修补工作结束之后也不需要进行湿养护。Li 等发现，MPC 和旧混凝土间的早期抗折黏结强度并不低，1 h 强度可以达到 2.3 MPa，1 d 强度可以达到 4.1 MPa，能够满足大部分实际工程的需求。

总而言之，MPC 是一类极具应用潜质的修补材料。学者们对 MPC 和旧混凝土基体间的黏结性能开展了大量研究，但大多数研究倾向于 MPC 材料的强度，并未把 MPC 和旧混凝土基体间的黏结性能作为关键的内容。现有的研究主要存在以下几个方面的问题。

1）关于 MPC 配合比对 MPC 材料性能的影响的研究较多,但关于砂胶比、水胶比、缓凝剂掺量及 M/P 等对 MPC 和旧混凝土基体间黏结性能的影响的研究尚未受到重视,研究力度不够。

2）学者们在研究 MPC 的黏结性能时,多是在自由状态下采用尺寸较小的黏结试件进行研究。当新浇筑材料尺寸较小时,MPC 的体积变形对其黏结性能的发展的影响可以忽略不计,但在实际修补环境中,MPC 受到基体很大的约束,MPC 的体积变形可能对 MPC 黏结性能的发展造成不利影响。

3）相关专家和学者对 MPC 黏结性能的研究模式与途径比较单一,大多是测定 MPC 与旧基体间的抗折黏结强度、拉拔黏结强度,而较少关注两者界面区域的断裂特征、界面裂纹及孔洞形貌特征、渗水性能及界面微观形貌特征等。

1.2.6.3　磷酸镁水泥 – 混凝土界面黏结的耐久性

普通硅酸盐水泥混凝土广泛应用于基础设施建设中。混凝土结构暴露于恶劣环境中时,可能受到循环荷载、冲击荷载、高温变化或干湿循环、冻融循环、硫酸盐侵蚀、碱骨料反应等的作用,结构容易劣化,耐久性显著降低,严重的将导致其无法正常工作。此时,及时而有效的修复是一种既经济又可持续的技术措施。尤其是位于港口与海洋接触地区、低温气候地区等的设施,新浇筑的材料很快就会暴露在侵蚀环境中,若采用普通硅酸盐水泥对这类破损结构进行修复,在强度发展尚未完全完成的情况下,其抵抗外界介质侵蚀的能力是存疑的,因此,在这种情况下必须选用早期性能发展快同时能较好地抵抗环境作用力的修补材料。

从传统意义上而言,海内外针对 MPC 修补材料的研究更多地聚焦于材料自身的水化与缓凝机理、物理力学性能与微观结构等。随着对 MPC 修补材料的研究工作的逐渐深入以及 MPC 修补材料应用范围的日益扩大,专家和学者们开始对 MPC 材料进行耐久性能的研究。不过针对 MPC 材料耐久性能的研究并不深入。目前,关于 MPC 修补材料的耐久性,已达成如下几方面的共识。

1）由于配制 MPC 的原材料中包含溶解性很强的磷酸盐,MPC 修补材料又是低水胶比、凝结硬化速度很快的体系,相当多尚未参与水化反应的磷酸盐常被固结在 MPC 基体内。MPC 修补材料在服役过程中,在受到水侵蚀的早期,可溶性的磷酸盐会溶出并留下孔隙,降低基体的强度;在受到水侵蚀的后期,随着外界水分的渗入,磷酸盐与 MgO 的水化反应得以继续,基体内将产生内应力,进而影响 MPC 基体各方面的性能。

2）MPC 材料的主要水化产物为 $MgNH_4PO_4 \cdot 6H_2O$（或 $MgKPO_4 \cdot 6H_2O$）。已有结果表明,$MgNH_4PO_4 \cdot 6H_2O$ 的结晶度较高,虽然在水环境中溶解度极低（比 C-S-H 凝胶的还低）,但在 pH 值较高或较低的环境中不稳定,会发生溶解。此外,$MgNH_4PO_4 \cdot 6H_2O$ 在温度超过 70 ℃的环境中会丧失 5 个结晶水,导致 $MgNH_4PO_4 \cdot H_2O$ 的出现,在温度更高的环境中会转换为 $MgNH_4PO_4$,这种现象给 MPC 修补材料在高温条件下长久存在造成了巨大的困扰。

3）杨全兵等发现,相比于非引气普通硅酸盐水泥混凝土而言,MPC 修补材料与引气普通硅酸盐混凝土具有更好的抗盐冻剥蚀性能。丁铸等对比了普通硅酸盐水泥与 MPC 材料在 4% $CaCl_2$ 溶液中经历 30 次冻融循环后的性能表现,发现前者试件表面严重剥蚀,后者试件表面平整。丁铸等认为,MPC 硬化体的水饱和程度和孔隙率较低,且孔隙以封闭孔为主,具有较好的抗冻性。

4)许多研究结果表明,MPC 修补材料的耐盐性比较好,抗氯离子渗透性能优于普通水泥砂浆,这一结果间接证明了 MPC 对钢筋的保护作用优于 OPC。杨全兵等对比研究了 MPC、OPC 对钢筋的保护作用,发现经过一定数量的干湿循环后,MPC 包裹的钢筋的锈蚀率远低于 OPC 包裹的钢筋。Pei 等通过电化学方法对比研究了 MPC 小梁与 OPC 小梁对钢筋的保护作用,结果发现掺磷酸一铵的 MPC 的护筋性能好于掺磷酸二氢钾的,MPC 的护筋性能优于 OPC,可在海洋建筑的修复加固中替代 OPC。若要形成耐久的修补系统,只关注 MPC 自身的耐久性是不够的。作为修补系统中最为薄弱的环节,界面耐久性是影响到 MPC 修补材料能否与混凝土基体形成耐久修补系统的最为关键的因素。例如,在季冻区,混凝土结构修补难免遭到冻融循环的破坏。因此,熊复慧选择冻 2 h、融 2 h 的冻融制度,研究了 MPC 经受 100 次冻融循环后黏结强度的变化,结果显示,MPC 修补材料与混凝土基体的黏结强度的损失率达到 25%~50%,明显大于 MPC 修补材料自身的抗折、抗压强度的损失率。此外,杨全兵等选择冻 4 h、融 4 h 的冻融制度,研究了盐冻循环对 MPC 修补材料与混凝土间的黏结强度的影响。结果发现:当基体为未掺引气剂的混凝土时,MPC 净浆与基体的黏结强度、抗盐冻性强于 MPC 砂浆,经受 60 次冻融循环后,相比于测试前,前者降低了 33%,而后者降低了 69%;当基体掺入引气剂后,盐冻对 MPC 净浆或砂浆的黏结性能的不利影响程度相差不大。

不同混凝土结构的损坏原因各不相同,因此就有不同的修补方法,会用到不同的修补材料。当将 MPC 材料用于修补时,黏结界面必然也要面对环境中种种因素的影响,最为常见的如淡水环境、高浓度盐溶液或海水环境、干湿交替环境、季冻区环境等。部分学者研究了某些极端环境对 MPC 材料力学性能等的影响,这些环境包括冻融环境、水环境、硫酸盐侵蚀环境等。研究表明:当温度太高时,MPC 材料的主要水化产物鸟粪石会发生分解,对其力学性能的影响较大;当处于有水环境时,MPC 基体内部的可溶性磷酸盐会溶出,并留下孔隙,降低基体的强度。但关于使用环境及暴露环境对 MPC 黏结性能的影响的研究鲜有报道。

综上所述,基于 MPC 修补材料在与破损混凝土形成修补系统之时及之后必须面对各种不同的使用与暴露环境的事实,以及这些环境因素对 MPC 黏结性能发展的不明确性,有必要研究这些侵蚀环境对 MPC 修补材料界面性能发展的影响。

1.3　本课题的研究工作

1.3.1　国内外研究存在的问题

国内外对 MPC 材料的研究主要集中在以下几个方面：MPC 的配制、性能及水化等；MPC 原材料对水泥性能的影响、水化产物与水化机理等；MPC 缓凝剂的开发以及缓凝剂对水泥水化产物与微观结构的影响等。相比之下，对高性能 MPC 基涂料的配制技术、性能以及施工关键技术的研究十分匮乏，更谈不上系统性的研究。具体来讲，目前 MPC 涂料的研究与应用存在以下问题。

（1）MPC 涂料的组成设计技术亟待成熟化

在 MPC 涂料的配制环节，需要重点关注的是 MPC 的快凝问题。目前虽已找到缓凝的方法，但缓凝效果比较差。这一问题在很大程度上限制了 MPC 涂料的施工性能，同时也会阻碍其在工程上的应用。因此，怎样有效地达到缓凝的目的并不断提升 MPC 材料自身的施工性能，是今后 MPC 涂料在实际研制和应用环节必须重点关注的内容。

（2）关于 MPC 涂料的施工性能的研究工作比较单一

长期以来，很多学者都将关注的重点放在 MPC 材料的强度（特别是早期强度）方面，而忽视了对涂料施工性能的研究。实际上，MPC 材料、涂料的施工性能、施工操作方便性等与施工质量紧密关联。因此怎样实现 MPC 涂料的流动性和黏结强度间的有机统一便显得尤为重要，这是今后需要重点处理和解决的问题。

（3）关于 MPC 涂层黏结性能的研究内容相对匮乏，欠缺对机理性问题的探讨

目前学者们对 MPC 材料的黏结性能的研究模式比较单一，大多关注 MPC 与旧基体间的抗折黏结强度、拉拔黏结强度，而较少关注两者界面区域的断裂特征、界面裂纹及孔洞形貌特征、渗水性能及界面微观形貌特征等。

（4）对 MPC 涂层和混凝土基体的黏结界面耐久性能的研究力度不足

尽管现在针对 MPC 的耐久性能的研究常有报道，但是很少有专家对 MPC 材料和混凝土基体的黏结界面的耐久性能展开研究。除此之外，关于淡水与海水、干湿循环等侵蚀环境对 MPC 涂层黏结界面性能的影响的研究也鲜有报道。而这些环境是 MPC 涂层黏结界面需要面对的，因此对于侵蚀行为的研究工作十分重要。

（5）MPC 涂料的应用范围狭小

目前将 MPC 用作无机涂料的应用很少，同时对硫酸盐侵蚀环境中 MPC 涂料性能的稳定性，以及将 MPC 涂敷在混凝土结构表面来防止硫酸盐侵蚀的研究也不充分，这也大大制约了 MPC 涂料的推广和使用。

1.3.2 研究目标及思路

结合上述问题,本课题以磷酸镁水泥(MPC)涂料中比较有代表性的磷酸铵镁水泥(magnesium ammonium phosphate cement,MAPC)涂料为研究对象,拟实现 MAPC 涂层的凝结时间可控和施工性能达到要求的目标,并对水环境和硫酸盐环境中的 MAPC 涂层的耐久性能进行研究,以期扩大 MAPC 涂料的应用范围。

结合已有的 MPC 缓凝技术和 MPC 材料相关基础理论,笔者系统研究了 MAPC 涂料体系的反应过程,分析了传统缓凝剂硼砂对 MAPC 涂料体系的影响,并探讨了其缓凝机理,为寻找新的缓凝技术提供理论指导。在此基础上,首先,选择具有降温和调节离子浓度作用的缓凝材料部分替代硼砂,研制出可改变 MAPC 涂料水化放热特性和有效延缓 MAPC 涂料凝结的复合缓凝剂;其次,分析复合缓凝剂对 MAPC 涂料体系的水化历程,水化产物的形成过程,水化产物的种类、形貌、组成和结构特征的影响,探究复合缓凝剂的内在机理;再次,使用复合缓凝剂,设计出凝结时间可控和施工性能达到要求的 MAPC 涂层配合比;最后,分析水环境中 MAPC 涂层的附着力、黏结强度、水化产物、微观结构等特性的变化,通过掺加氯盐的手段实现对 MAPC 涂料耐水性能的调控。在上述研究的基础上,研究硫酸盐腐蚀环境中 MAPC 涂层黏结界面微观结构性能的演变,得到黏结界面区域的断裂特征、界面裂纹及孔洞形貌特征、界面微观形貌特征等。最后,研究 MAPC 涂层混凝土的耐硫酸盐腐蚀能力,提高 MAPC 涂层的耐久性能,以便更好地将 MPC 涂料应用于工程实际。

1.3.3 研究内容

(1)MAPC 涂料缓凝调控研究
初步制备 MAPC 涂料的悬浊液体系,研究 MAPC 涂料体系的 pH 值、离子浓度、水化热等指标的变化。接着分析传统缓凝剂硼砂对 MAPC 涂料体系的 pH 值、水化产物等的影响。然后以此为理论指导,配制以冰醋酸和硼砂为主的新型复合缓凝剂,分析冰醋酸对 MAPC 涂料体系的强度、pH 值、水化热、水化产物和结构的影响,研究其缓凝机制,实现 MAPC 涂料体系的缓凝调控。

(2)MAPC 涂料耐水性能调控研究
使用复合缓凝剂,设计符合施工要求的 MAPC 涂层的最佳配合比。测试 MAPC 涂层的黏结强度、硬度、附着力等性能指标。为了解决 MAPC 涂层耐水性能差的问题,本研究向 MAPC 中添加掺合料——氯盐并分析添加氯盐后 MAPC 涂层在水环境中的厚度、质量吸水率、拉伸强度等变化;借助于 XRD、SEM 等手段,分析 MAPC 涂料微观结构的变化,研究氯盐提高 MAPC 涂料的耐水性能的内在机理。

(3)硫酸盐腐蚀环境中 MAPC 涂层黏结界面微观结构演化研究
研究不同侵蚀环境中 MPC 与 OPC 黏结界面过渡区的时变性,从物理和化学两方面探究界面过渡区时变性的机理。着重研究不同环境对 MAPC 黏结强度、界面区显微形貌的影响,得到界面区域的断裂特征、界面裂纹及孔洞形貌特征、界面微观形貌特征等,并建立不同环境中的时变模型。

(4)MAPC 涂料混凝土抗硫酸盐侵蚀能力研究

分析硫酸盐腐蚀环境中 MAPC 涂层混凝土的抗压强度、超声声速、表观形貌及硫酸根离子含量的变化;借助于 XRD、SEM 等手段,研究 MAPC 涂层混凝土的抗硫酸盐侵蚀能力,探究其内在机理;同时建立硫酸根离子在 MAPC 涂层混凝土中的传输模型。

1.3.4　创新点

(1)改善了 MAPC 涂料的施工性能

研发了新型的冰醋酸和硼砂复合缓凝剂,通过降低 MAPC 涂料体系的 pH 值和水化热实现对 MAPC 涂料缓凝的有效调控。该复合缓凝剂的使用可以将 MAPC 涂料的凝结时间延长到 60 min 以上,极大地改善了 MAPC 涂料的施工性能。

(2)实现了对 MAPC 涂层的水稳定性的有效调控

氯盐可以改变 MAPC 涂层在水环境中的水化产物和结构,使涂层稳定存在,实现了对 MAPC 涂层的水稳定性的有效调控。

(3)建立了硫酸根离子在 MAPC 涂层混凝土中的传输模型

研究了 MAPC 涂层混凝土在硫酸盐腐蚀环境中的抗腐蚀能力,建立了硫酸根离子在 MAPC 涂层混凝土中的传输模型。

(4)建立了 MAPC 涂层黏结界面过渡区的时变模型

根据侵蚀环境中 MAPC 涂层黏结界面区域的断裂特征、界面裂纹及孔洞形貌特征、界面微观形貌特征等,研究了 MAPC 涂层黏结界面过渡区的时变演化特征,建立了时变模型。

1.3.5　技术路线

本研究将 MAPC 作为混凝土结构防护涂料使用,首先制备 MAPC 涂料,分析 MAPC 涂料体系的 pH 值、离子浓度、水化热等特征。然后分析传统缓凝剂硼砂对 MAPC 涂料体系的 pH 值、离子浓度、水化产物等的影响,建立在不同环境中的时变模型。最后研究 MAPC 涂层混凝土的抗硫酸盐侵蚀能力,提高 MAPC 涂层的耐久性能。本研究的技术路线如图 1-10 所示。

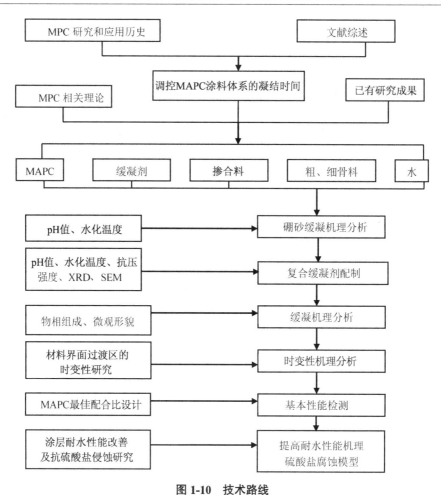

图 1-10　技术路线

Figure 1-10　Technology roadmap

参考文献

[1]　ROLLINS W H. A contribution to the knowledge of cement[J]. Dent Cosmos, 1979, 21:574-576.

[2]　ROY D M. New strong cement materials: chemically bonded ceramics[J]. Science, 1987, 235(4789):651-658.

[3]　龙安厚, 赵黎安, 周大千, 等. 磷酸盐水泥的组成与性能 [J]. 大庆石油学院学报, 1996, 20(1):111-114.

[4]　WAGH A S. Chemically bonded phosphate ceramics[M]. Oxford: Elsevier, 2004.

[5]　WILSON A D, NICHOLSON J W. Acid-base cements[M]. Cambridge: Cambridge Univ, 1993.

[6]　ROY R, AGARWAL D K, SRIKANTH V. Acoustic wave stimulation of low temperature

ceramic reactions: the system Al$_2$O$_3$-P$_2$O$_5$-H$_2$O[J]. Journal of Materials Research, 1991, 6 (11):2412-2416.

[7] PROSEN E M. Refractory materials for use in making dental casting:US2152152[P]. 1939.

[8] PROSEN E M. Refractory material suitable for use in casting dental investments: US2209404[P]. 1941.

[9] EARNSHAW R. Investments for casting cobalt-chromium alloys: Part Ⅰ [J]. Br Dent J, 1960(108):389-396.

[10] EARNSHAW R. Investments for casting cobalt-chromium alloys: Part Ⅱ [J]. Br Dent J, 1960(108):429-440.

[11] WESTMAN A E R. Phosphate ceramics[M]. New York:Wiley, 1977.

[12] SUGAMA T, KUKACKA L E. Characteristics of magnesium polyphosphate cement derived from ammonium polyphosphate solutions[J]. Cement and Concrete Research, 1983, 13(14):499-506.

[13] ABDELRAZIG B E I, SHARP J H, EL-JAZAIRI B. The microstructure and mechanical properties of mortars made from magnesia-phosphate cement[J]. Cement and Concrete Research, 1989,19(12):247-258.

[14] ABDELRAZIG B E I, SHARP J H, EL-JAZAIRI B. The chemical composition of mortars made from magnesia-phosphate cement[J]. Cement and Concrete Research, 1988, 18(3): 415-425.

[15] POPOVICS S, RAJENDRAN N, PENKO M. Rapid hardening cements for repair of concrete[J]. ACI Mater J,1987,84:64-73.

[16] 戴丰乐,汪宏涛,姜自超,等. 基于热动力学的磷酸镁水泥水化机理 [J]. 材料研究学报, 2018,32(4):247-254.

[17] WAGH A S, SINGH D, JEONG S Y. Method of waste stabilization via chemically bonded phosphate ceramics:US5830815[P]. 1998.

[18] WAGH A S, JEONG S Y, SINGH D. High strength phosphate cement using industrial by-product ashes [C]// AZIZINANNINI A, et al. Proc. of First International Conference. ASCE, 1997:542-533.

[19] SINGH D, WAGH A S, CUNNANE J, et al. Chemically bonded phosphate ceramics for low-level mixed-waste stabilization[J]. Journal of Environmental Science and Health, 1994,2:527-532.

[20] YANG Q B, WU X L. Factors influencing properties of phosphate cement-based binder for rapid repair of concrete[J]. Cement and Concrete Research,1999,29(3):389-396.

[21] YANG Q B, ZHU B R, ZHANG S Q, et al. Properties and applications of magnesia-phosphate cement mortar for rapid repair of concrete[J]. Cement and Concrete Research, 2000, 30(11):1807-1813.

[22] 姜洪义,张联盟.磷酸镁水泥的研究[J].武汉理工大学学报,2001,23(4):32-34.

[23] 杜磊,严云,胡志华.化学结合磷酸镁胶凝材料的研究及应用现状[J].水泥,2007,(5):23-25.

[24] 丁铸,李宗津.早强磷硅酸盐水泥的制备和性能[J].材料研究学报,2006,20(2):141-147.

[25] 汪宏涛,曹巨辉.磷酸盐水泥凝结时间研究[J].后勤工程学院学报,2007,23(2):84-87.

[26] 汪宏涛,钱觉时,王建国.磷酸镁水泥的研究进展[J].材料导报,2005,19(12):46-47,51.

[27] 龙安厚,赵黎安,周大千,等.磷酸盐水泥的组成与性能[J].大庆石油学院学报,1996,20(1):111-114.

[28] 姜洪义,张联盟.超快硬磷酸盐混凝土路面修补材料性能的研究[J].公路,2003(3):87-89.

[29] 杨全兵,杨学广,张树青,等.新型超快硬磷酸盐修补材料抗盐冻剥蚀性能[J].低温建筑技术,2000(3):9-11,39.

[30] 姜洪义,梁波,张联盟.MPB超早强混凝土修补材料的研究[J].建筑材料学报,2001,4(2):196-198.

[31] 汪宏涛,钱觉时,曹巨辉,等.粉煤灰对磷酸盐水泥基修补材料性能的影响[J].新型建筑材料,2005,(12):41-43.

[32] SOUDÉE E,PÉRA J. Influence of magnesia surface on the setting time of magnesia-phosphate cement[J]. Cement and Concrete Research,2002,32(1):153-157.

[33] TOMIC E A. High-early-strength phosphate grouting system for use in anchoring a bolt in a hole:US4174227[P]. 1979.

[34] TOMIC E A. Phosphate cement and mortar:US4394174[P]. 1983.

[35] 常远,史才军,杨楠,等.不同细度MgO对磷酸钾镁水泥性能的影响[J].硅酸盐学报,2013,41(4):492-499.

[36] STIERLI R F,TARVER C C,GAIDIS J M. Magnesium phosphate concrete compositions:US3960580[P]. 1976.

[37] SUGAMA T,KUKACKA L. Magnesium monophosphate cements derived from diammonium phosphate solutions[J]. Cement and Concrete Research,1983,13(3):407-416.

[38] SARKAR A K. Phosphate cement-based fast-setting binders[J]. American Ceramic Society Bulletin,1990,69(2):234-238.

[39] SEEHRA S,GUPTA S,KUMAR S. Rapid setting magnesium phosphate cement for quick repair of concrete pavements:characterisation and durability aspects[J]. Cement and Concrete Research,1993,23(2):254-266.

[40] JIANG H Y,ZHOU H,YANG H. Investigation of the hydrating and hardening mecha-

nisms of phosphate cement for repair with super rapid hardening[J]. Journal of Wuhan University of Technology, 2002, 24(4): 18-20.

[41] JIANG H Y, LIANG B, ZHANG L M. Study on the MPB repairing materials[J]. Journal of Materials Science, 2001, 4(2): 196-198.

[42] XIA J H, YUAN D W, WANG L J. Research on hydration mechanism of magnesia phosphate cement[J]. Journal of Wuhan University of Technology(Materials Science Edition), 2009, 31(9): 25-28.

[43] WANG H T, CAO J H. Study on the setting time of magnesia-phosphate cement[J]. Journal of Logistical Engineering University, 2007, 23(2): 84-87.

[44] HALL D A, STEVENS R, EL-JAZAIRI B. The effect of retarders on the microstructure and mechanical properties of magnesia-phosphate cement mortar[J]. Cement and Concrete Research, 2001, 31(3): 455-465.

[45] 杨建明, 史才军. 一种磷酸钾镁水泥凝结时间和早期水化速度的控制方法: CN1022-34200A[P]. 2011-11-09.

[46] WEILL E, BRADIKL J. Magnesium phosphate cement systems: US4786328A[P]. 1988.

[47] YANG Q B, WU X L. Factors influencing properties of phosphate cement-based binder for rapid repair of concrete[J]. Cement and Concrete Research, 1999, 29(3): 389-396.

[48] YANG Q B, ZHU B R, WU X L. Characteristics and durability test of magnesium phosphate cement-based material for rapid repair of concrete[J]. Materials and Structures, 2000, 33(4): 229-234.

[49] MOORE T E. Dental investment material: US856231495[P]. 1937.

[50] HALL D A, STEVENS R, JAZAIRI B E. Effect of water content on the structure and mechanical properties of magnesia phosphate cement mortar[J]. Journal of the American Ceramic Society, 1998, 81(6): 1550-1556.

[51] DING Z, LI Z J. Effect of aggregates and water contents on the properties of magnesium phospho-silicate cement[J]. Cement and Concrete Composites, 2005, 27(1): 11-18.

[52] DING Z, Li Z J. High-early-strength magnesium phosphate cement with fly ash[J]. ACI Materials Journal, 2005, 102(6): 375-381.

[53] POPOVIC S, RAJENDRAN N. Early age properties of magnesium phosphate-based cements under various temperature conditions[J]. Transportation Research Record, 1987: 34-45.

[54] 汪宏涛. 高性能磷酸镁水泥基材料研究 [D]. 重庆: 重庆大学, 2006.

[55] 李东旭, 李鹏晓, 冯春花. 磷酸镁水泥耐水性的研究 [J]. 建筑材料学报, 2009, 12(5): 505-510.

[56] DING Z. Research of magnesium phospho-silicate cement[D]. Hong Kong: The Hong Kong University of Science and Technology, 2005.

[57] LIN W, SUN W, LI Z J. Study on the effects of fly ash in magnesium phosphate cement [J]. Journal of Building Materials, 2010, 13（6）: 716-721.

[58] LI D X, LI P X, FENG C H. Research on water resistance of magnesium phosphate cement [J]. Journal of Building Materials, 2009, 12（5）: 505-510.

[59] 丁铸, 邢锋, 李宗津. 高早强磷硅酸盐水泥修复性能的研究 [J]. 工业建筑, 2008, 38（9）: 77-81.

[60] 杨全兵, 张树青, 杨钱荣, 等. 新型快硬磷酸盐修补材料性能 [J]. 混凝土与水泥制品, 2000, 4（4）: 8-11.

[61] 黄永昌. 金属腐蚀与防护原理 [M]. 上海: 上海交通大学出版社, 1989.

[62] YANG Q B, ZHANG S Q, WU X L. Deicer-scaling resistance of phosphate cement-based binder for rapid repair of concrete[J]. Cement and Concrete Research, 2002, 32（1）: 165-168.

[63] JIANG J B, XUE M, WANG H T. Research on preparation and properties of marine magnesium phosphate cement based materials[J]. Journal of Functional Materials, 2012, 43（7）: 828-830, 834.

[64] 赖振宇, 钱觉时, 卢忠远, 等. 不同温度处理对磷酸镁水泥性能的影响 [J]. 功能材料, 2012, 43（15）: 2035-2070.

[65] 赵江涛, 李相国, 张琰, 等. 粉煤灰对磷酸镁水泥的影响[J]. 硅酸盐通报, 2018, 37（2）: 695-700.

[66] 刘凯, 李东旭. 磷酸镁水泥的研究与应用进展[J]. 材料导报, 2011, 25（7）: 97-100.

[67] 盖蔚, 刘昌胜, 王晓芝. 复合添加剂对磷酸镁骨粘结剂性能的影响[J]. 华东理工大学学报, 2002, 28（4）: 393-396.

[68] 陈兵, 吴震, 吴雪萍. 磷酸镁水泥改性试验研究[J]. 武汉理工大学学报, 2011, 33（4）: 29-34.

[69] 黄义雄, 钱觉时, 王庆珍, 等. 粉煤灰对磷酸盐水泥耐水性能的影响 [J]. 材料导报, 2011, 25（S1）: 470-473.

[70] 毛敏, 王智, 贾兴文. 磷酸镁水泥耐水性能改善的研究[J]. 非金属矿, 2012, 35（6）: 1-3.

[71] 杨建明, 钱春香, 周启兆, 等. 水玻璃对磷酸钾镁水泥性能的影响[J]. 建筑材料学报, 2011, 14（2）: 227-233.

[72] 杨建明, 邵云霞, 刘海. 酸碱组分比例对磷酸钾镁水泥性能的影响 [J]. 建筑材料学报, 2013, 16（6）: 923-929.

[73] 杨建明. 磷酸钾镁水泥凝结时间和水稳定性的调控及其机理 [D]. 南京: 东南大学, 2011.

[74] 雒亚莉. 新型早强磷酸镁水泥的试验研究和工程应用 [D]. 上海: 上海交通大学, 2010.

[75] 甄树聪, 杨建明, 张青行, 等. 磷酸镁水泥抗氯离子侵蚀性能研究[J]. 建筑材料学报, 2010, 13（5）: 700-704.

[76] 蒋江波,薛明,汪宏涛,等.海工磷酸镁水泥基材料的制备及性能研究[J].功能材料,
     2012,43(7):828-830,834.

[77] 丁铸,邢锋,李宗津.高早强磷硅酸盐水泥修复性能的研究[J].工业建筑,2008,38(9):
     77-81.

[78] 熊复慧.季冻区水泥混凝土路面修补材料的研究[D].哈尔滨:哈尔滨工业大学,2011.

[79] 袁大伟.利用硼泥制备磷酸镁水泥[D].大连:大连理工大学,2008.

[80] HASSAN K E, BROOKS J J, AL-ALAWS L. Compatibility of repair mortars with con-
     crete in hot-day environment[J]. Cement and Concrete Composites, 2001, 23(1):93-101.

[81] 杨楠.磷酸镁水泥基材料黏结性能研究[D].长沙:湖南大学,2014.

[82] 汪宏涛,唐春平.磷酸镁水泥基材料收缩影响因素研究[J].建筑技术开发,2009,36
     (4):18-19,33.

[83] QIAO F, CHAU C K, LI Z J. Property evaluation of magnesium phosphate cement mortar
     as patch repair material[J]. Construction and Building Materials, 2010,24(5):695-700.

[84] JOSEPHSON G B, WESTSIK J H, PIRES R P, et al. Engineering-scale demonstration of
     DuraLith and Ceramicrete waste forms[R]. Alexandria, VA: Pacific Northwest National
     Laboratory, 2011.

[85] STEFANKO D B, LANGTON C, SINGH D. Magnesium mono potassium phosphate
     grout for P-reactor vessel in-situ decommissioning[R]. Aiken,SC: Savannah River Nation-
     al Laboratory, 2010.

[86] GARDNER L J. Assessment of magnesium potassium phosphate cement systems for radio-
     active waste encapsulation[D]. Sheffield:University of Sheffield,2016.

[87] WALLING S A, PROVIS J L. Magnesia-based cements:a journey of 150 years, and ce-
     ments for the future? [J]. Chemical Reviews, 2016, 116(7):4170-4204.

[88] 苏柳铭,黄义雄,钱觉时.粉煤灰改性磷酸镁水泥与普通水泥基体黏结性能研究[C]//
     第三届两岸四地高性能混凝土国际研讨会论文集.北京:中国建材工业出版社,2012:
     88-95.

[89] FORMOSA J, LACASTA A M, NAVARRO A, et al. Magnesium phosphate cements
     formulated with a low-grade MgO by-product: physico-mechanical and durability
     aspects[J]. Construction and Building Materials, 2015, 91(30):150-157.

[90] XU B W, MA H Y, LI Z J. Influence of magnesia-to-phosphate molar ratio on microstruc-
     tures, mechanical properties and thermal conductivity of magnesium potassium phosphate
     cement paste with large water-to-solid ratio[J]. Cement and Concrete Research, 2015, 68:
     1-9.

[91] LI J S, ZHANG W B, CAO Y. Laboratory evaluation of magnesium phosphate cement
     paste and mortar for rapid repair of cement concrete pavement[J]. Construction and Build-
     ing Materials,2014, 58:122-128.

[92] 索默. 高性能混凝土的耐久性 [M]. 冯乃谦, 等译. 北京:科学出版社, 1998.

[93] 刘凯, 姜帆, 张超, 等. 水养护条件下磷酸氢二钾改性磷酸镁水泥的失效机制[J]. 硅酸盐学报, 2012, 40(12):1693-1698.

[94] 杨建明,杜玉兵,徐选臣. 石灰石粉对磷酸镁胶结材料浆体性能的影响 [J]. 建筑材料学报, 2015,18(1):38-43.

[95] PEI H F, LI Z J, ZHANG J R, et al. Performance investigations of reinforced magnesium phosphate concrete beams under accelerated corrosion conditions by multi techniques[J]. Construction and Building Materials, 2015,93:989-994.

2 MAPC 涂料体系的缓凝调控研究

在现有的 MPC 凝结时间调控技术和方法中,以控制 MgO 颗粒的活性和比表面积以及选择合适的缓凝剂品种和掺量取得的效果最为显著。有关 MPC 缓凝剂已有较多的研究成果,如 Stierli 等证实,适量硼酸盐(如硼砂)能延长由 MgO 和磷酸铵盐组成的 MPC 浆体的凝结时间并增大 MPC 材料的抗压强度,使 MPC 得以应用于实际工程。后来,Sugama 和 Kukacka、Sarkar 和 Seehra 等的研究进一步证实硼砂(NB)会明显减小 MPC 浆体的水化反应速率以及水化放热量。国内学者杨全兵、姜洪义和江宏涛等的研究也得到了与上述研究基本一致的结果。关于 NB 对 MPC 浆体的缓凝机理,有多种解释,并且这些解释之间存在争议。如 Sugama 和 Kukacka 等依据普通硅酸盐水泥的重要缓凝机理来推测硼砂的缓凝机制,提出了沉淀保护膜假说,但这种缓凝机理并不适用于其他缓凝剂。孙佳龙等除了同意硼酸盐化合物形成保护膜的观点之外,还认为硼砂由于调整了溶液的 pH 值而起到了缓凝的作用。MPC 的固化反应是一种酸碱反应,其反应速率必然受 pH 值的控制,因此 MPC 水化体系水化反应速率的减小是由于受到 pH 值变化的作用。Sengupta 等推测在硼酸盐水化物与磷酸盐的反应过程中,只在 MgO 颗粒表面形成主要成分为 $MP_3(PO_4) \cdot B_2O_3 \cdot 8H_2O$(注:此处 M 表示氧化镁,P 表示磷酸一铵)的保护膜,从而阻止酸性溶液中 MgO 的溶解,但形成的保护膜会在酸性溶液中溶解,并逐渐暴露 MgO 颗粒。汪宏涛等通过 XRD 和 SEM 的微观分析也推测,硼砂的缓凝机理是首先经过化学作用在 MgO 颗粒表面生成一层膜,从而阻止 PO_4^{3-} 和溶解的 MgO 颗粒接触,然后加入的硼砂调整了 MPC 水化体系的 pH 值,使水化产物 $MgNH_4PO_4 \cdot 6H_2O$ 生成的速度降低。丁铸通过测试含各种缓凝剂的 MKPC 浆体的凝结时间和水化温度,对比了缓凝剂三聚磷酸钠、硼酸和 NB 对 MKPC 浆体的缓凝作用,肯定了硼酸盐水化物的保护膜作用,并且认为硼酸的缓凝作用优于 NB,而三聚磷酸钠对 MKPC 浆体没有任何缓凝效果。

从研究结果看,研究者们提出的硼砂的缓凝机理存在很大的局限性,并不能推而广之。本研究在参考前人研究成果的基础上,对硼砂的缓凝机理进行深入的探讨,形成了新的缓凝机理,并由此开展对 MAPC 涂料新型复合缓凝剂的研制。因此,在选择合适的 MAPC 水化体系缓凝剂前,需要系统研究硼砂对 MPC 体系的缓凝作用机理。

综合已有的 MPC 水化机理、磷酸盐水泥溶液化学和磷酸盐水泥凝结相关理论可知,调控 MPC 水化体系凝结时间和早期水化反应速率的关键是控制 MPC 水化体系液相中磷酸盐水化物的生成和结晶速度。而 MPC 水化体系液相中磷酸盐水化物的生成和晶体生长过程实质上是鸟粪石及其同类物的生成和晶体生长过程。已有的 MPC 凝结时间调控技术的基本原理可归结为:减少 MPC 体系液相中酸性和碱性组分反应离子的接触,减小 MPC 体系液相中参与反应的离子的浓度,调节 MPC 体系液相的 pH 值和降低 MPC 体系的温度等。同时,本研究在配制 MAPC 时选用了重烧 MgO 并确定了 MgO 的粒度,因此选择合适的缓凝剂品种和掺量成为调控 MPC 凝结时间的最佳措施。

借助于对传统硅酸盐水泥的研究方法对 MPC 的反应机理进行研究,有助于更好地认识 MPC 配制过程中的反应机理,有助于开发控制该过程反应速率的新方法。在此基础上,还可以调整黏结剂中形成的不同相的组合,从而对 MPC 的宏观性能进行调整。然而,在 MPC 黏结材料或砂浆的制备过程中,当水灰比为 0.15 左右时,$(NH_4)_3PO_4$ 和 MgO 之间的放热反应十分剧烈,缓凝时间小于 5 min,而硅酸盐水泥的初凝时间就超过了 45 min。因此,很难用传统的方法研究 MPC 制备过程中的早期反应。

本研究将 MAPC 原材料加入大量的水中,配制成 MAPC 涂料的悬浮液,利用 pH 计和热传感器对 MAPC 涂料反应过程中的 pH 值和热量进行测量,从而研究 MAPC 涂料体系的反应过程。通过对反应过程中特征点处的温度测量、物相分析以及溶液化学分析等,建立 MAPC 涂料体系的反应机制模型,形成新的 NB 缓凝机理。

2.1 原材料与试验方法

在混凝土等水泥基复合材料中,水泥能够将砂、石等散粒状材料胶结在一起形成具有一定强度的物质,因而水泥的性能直接影响着水泥基复合材料的基本性能。而 MAPC 基材料的组成设计、水化机制等是研究者们多年来研究的重点。在长期的研究中,配制 MAPC 的 MgO 多在试验用高温炉内煅烧所得,数量有限,且磷酸盐和缓凝剂等试验原料常常使用化学分析纯药品,成本较高。为了满足 MAPC 基材料工业化生产和应用的需求,本研究将工业用高温窑炉煅烧的 MgO 以及纯度较高的工业级磷酸盐和缓凝剂作为 MAPC 试验研究的原材料。

2.1.1 原材料

制备 MAPC 的主要原材料包括重烧氧化镁(MgO)、磷酸二氢铵(MPP)等,其他材料包括硼砂(NB)、盐酸、冰醋酸等。

(1)重烧氧化镁

在不同的烧结温度下,可以得到三种具有不同活性的 MgO。烧结温度在 1 500~2 000 ℃ 时得到的重烧氧化镁的比表面积小于 0.1 m^2/g,几乎没有水化活性。烧结温度在 1 000~1 500 ℃ 时得到的重烧氧化镁的比表面积为 0.1~1.0 m^2/g,有很低的水化活性。烧结温度在 700~1 000 ℃ 时得到的轻烧氧化镁的比表面积为 1.0~250.0 m^2/g,其水化活性较高,可与水反应形成 Mg(OH)$_2$,并有一定的强度。配制 MAPC 所用的 MgO 为烧结温度在 1 500 ℃ 以上的重烧氧化镁,由镁砂粉研磨得到。

烧结法和电熔法是目前生产镁砂的两种主要工艺。烧结法以两步煅烧法为主,通过轻烧、重烧两步煅烧,达到 MgO 晶体长大、提纯和 MgO 烧结的目的。电熔法以一步电熔法为主,将天然的菱镁矿石作为原料,在电炉中以 1 600 ℃ 以上的高温煅烧生产镁砂。本研究所用的镁砂由辽宁省营口市兴北耐火材料有限公司生产,经电熔法制备而成,经SM-500试验研磨机研磨30 min得到MgO粉末(图2-1)。该MgO粉末的比表面积为0.076 m²/g,平均粒径为45.26 μm,其主要成分见表2-1,微观结构由SEM和EDS(即能量色散X射线荧光光谱仪,简称能谱仪)进行表征(图2-2)。

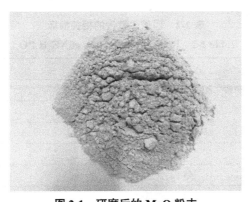

图2-1 研磨后的MgO粉末

Figure 2-1 Grinded MgO powder

表2-1 氧化镁粉的主要成分

Table 2-1 Main components of MgO powder

成分	MgO	CaO	SiO$_2$	Fe$_2$O$_3$	Al$_2$O$_3$	其他
质量分数(%)	91.85	3.14	3.68	0.87	0.16	0.30

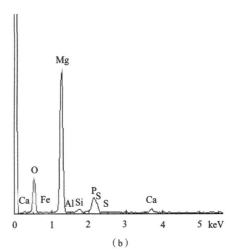

(a) (b)

图2-2 重烧MgO的SEM图和EDS图

(a)SEM图 (b)EDS图

Figure 2-2 SEM diagram and EDS diagram of dead burned MgO

(a)SEM diagram (b)EDS pattern

（2）磷酸二氢铵

磷酸二氢铵是一种白色晶体，化学式为 $NH_4H_2PO_4$，可用氨水和磷酸反应制成，主粒径为 80~100 目（即 177~147 μm）。加热时磷酸二氢铵会分解成偏磷酸铵（NH_4PO_3）。磷酸二氢铵的成分见表 2-2，外观见图 2-3。

表 2-2　磷酸二氢铵的相关指标

Table 2-2　Relevant indicators of $NH_4H_2PO_4$

序号	指标	数据
1	磷酸二氢铵（以 $NH_4H_2PO_4$ 计）含量（%）	≥98
2	水含量（%）	≤2.5
3	pH 值	4.3~4.7
4	水不溶物含量（%）	≤0.2
5	铁（Fe）含量（%）	≤0.003
6	砷（As）含量（%）	≤0.005
7	氯化物（以 Cl 计）含量（%）	≤0.2
8	重金属（以 Pb 计）含量（%）	≤0.005

图 2-3　磷酸二氢铵的外观

Figure 2-3　Appearance of $NH_4H_2PO_4$

（3）硼砂

硼砂，分析纯，符合 GB/T 632—2008 的要求，其主要成分见表 2-3。

表2-3 硼砂的主要成分

Table 2-3 Main components of NB

成分	NB	盐酸不溶物	氯化物（Cl⁻）	硫酸盐（SO_4^{2-}）	磷酸盐（PO_4^{3-}）	钙（Ca）	铜（Cu）	铁（Fe）
质量分数（%）	≥99.5	≤0.005	≤0.002	≤0.01	≤0.001	≤0.005	≤0.001	≤0.000 3

（4）盐酸

盐酸是氯化氢（HCl）的水溶液，是一种一元无机强酸，为无色透明液体，散发出强烈的刺鼻性气味，腐蚀性较强，用途十分广泛。本品为分析纯，由江苏省徐州市金陵化工有限公司提供。

（5）冰醋酸

冰醋酸一般指乙酸，也叫醋酸，化学式为CH_3COOH，是一种一元有机酸，是食醋的主要成分。纯的无水乙酸是无色的吸湿性固体，凝固点为16.6 ℃。凝固后的冰醋酸为无色晶体，其水溶液呈弱酸性且具有强腐蚀性。冰醋酸的蒸气对眼和鼻有刺激性作用。

2.1.2 试验方法

2.1.2.1 MAPC原材料性能测试

（1）原材料粒度测试

使用BT-9300S型激光粒度测定仪测试MgO粉的粒度分布。使用DBT-127型勃氏比表面积测定仪测试MgO粉的比表面积。

（2）原材料化学成分分析

镁砂的主要成分是MgO，还含有少量的CaO、Al_2O_3、Fe_2O_3、SiO_2等。对本研究所用镁砂的基本成分，采用EDTA化学分析法分析，具体步骤如下。称取0.2 g试样置于预先盛有2 g熔剂的铂坩埚中，混匀后再加入约2 g熔剂覆盖于试样表面，于1 000 ℃的马弗炉中熔融60 min，取出冷却，置于装有30 mL盐酸和50 mL热水的250 mL烧杯中，低温溶解后洗净坩埚，冷却，移入250 mL容量瓶中，用水稀释至标线。吸取20 mL试液置于250 mL烧杯中，加入50 mL水、5 mL三乙醇胺、10 mL氢氧化钾溶液，调至pH >12，加少许钙指示剂使溶液呈酒红色，使用0.005 mol/L EDTA标准滴定溶液滴定至溶液呈蓝色，记下体积V_1。再吸取20 mL试液置于150 mL锥形瓶中，滴加1滴溴钾酚绿溶液，用氨水中和至溶液呈蓝色，加入10 mL铜试剂（5 g/L）剧烈摇动并用快速滤纸将反应液过滤于250 mL锥形瓶中，冲洗锥形瓶和滤纸各5次，在滤液中加入5 mL三乙醇胺、10 mL氨性缓冲溶液，调至pH值为10，加入3滴酸性络兰K、9滴萘酚绿B使溶液呈微红色，加入0.005 mol/L EDTA标准滴定溶液V_1 mL；加入0.008 mol/L EDTA标准滴定溶液滴定至溶液呈蓝绿色，记下体积V_2。按下式分别计算 CaO、MgO 的质量分数。

$$w(\text{CaO}) = (c_1 V_1 \times 0.005\ 608/G) \times 100\%$$

$$w(\text{MgO}) = (c_2 V_2 \times 0.040\ 32/G) \times 100\%$$

式中：c_1 为滴定 CaO 的 EDTA 标准滴定溶液的浓度，mol/L；c_2 为滴定 MgO 的 EDTA 标准滴定溶液的浓度，mol/L；V_1 为滴定 CaO 所消耗的 EDTA 标准滴定溶液的体积，mL；V_2 为滴定 MgO 所消耗的 EDTA 标准滴定溶液的体积，mL；G 为分取试样质量，g。

2.1.2.2　MAPC 浆体物理性能测试

（1）MAPC 浆体的流动性

目前，测定水泥净浆和砂浆流动性的方法主要有跳桌法、净浆流动度法、流动锥形法和斜管流动法等。根据国家规范，浆体流动性的测定方法是跳桌法和净浆流动度法。这两种方法操作简便，直观性强，对比简单，反映的是在自重作用下，浆体克服屈服剪应力发生流动的性能。浆体的最终变形是仪器测定的主要指标之一，流动锥形法可以反映浆体的变形速率，但由于测试仪器的出料管比较短，因此难以测出浆体精确的流出时间。此外，日本学者Murata 等提出了斜管流动法，该方法主要测定在重力作用下水泥浆体流出斜管的时间。虽然该方法比流动锥形法先进不少，但是被测的浆体如果很黏稠就会产生浆体断流现象，从而无法对浆体的流出量和相应的时间进行精确测量。对于快凝的 MAPC 而言，斜管流动法无法准确地测定数值。Frantzis 和 Baggott 将改装后的黏度测定仪用于 MAPC 砂浆的流变参数的测定。但这种方法操作过程复杂，且测试结束后水泥不易清理。考虑到 MAPC 黏度较大、凝结较快等特性，为简便测定浆体的流动性和保证结果的广泛对比性，本研究仍使用传统的跳桌法测定 MAPC 砂浆的流动性。

（2）MAPC 浆体的凝结时间

参照普通硅酸盐水泥凝结时间的测定方法，按照规范《水泥标准稠度用水量、凝结时间、安定性检验方法》（GB/T 1346—2011）规定的方法，用无锡建仪实验器材有限公司生产的维卡仪对 MAPC 浆体的凝结时间进行测定，从 MgO 粉末被加入时开始计时。考虑到MAPC 凝结速度快、初凝时间短等特性，搅拌时间控制在 3 min 之内，每隔 30 s 测定一次数值，临近初凝时每隔 15 s 测定一次数值。

2.1.2.3　MAPC 浆体水化热测试

MAPC 的水化反应属于酸碱反应，大量的热量在反应过程中被释放。因此，测定MAPC 反应体系的热功率，就可以比较不同材料比例的 MAPC 水化体系的水化反应程度。本研究拟通过仪器测试 MAPC 浆体水化过程中的温度变化和水化放热量，从而获取 MAPC水化反应过程的相关信息。

（1）水化温度

在 20 ℃的环境温度下，将适量水加入 100 g 左右的 MAPC 干粉的酸性组分（磷酸盐）中，1 min 后加入碱性组分（MgO），混合搅拌均匀，开始计时，整个过程在绝热容器内完成。

测试初期,用温度计测定 MAPC 浆体的初始温度。在 MAPC 浆体中部插入 K 型热电偶,使用 BTM-4208SD 温度记录仪(图 2-4)记录 MAPC 水化体系的温度变化。

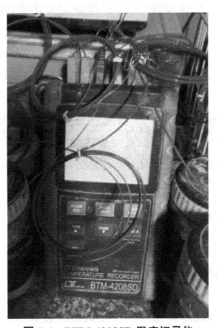

图 2-4　BTM-4208SD 温度记录仪

Figure 2-4　BTM-4208SD temperature measuring instrument

（2）水化热

在恒定温度下,利用热导式等温量热仪测量 MAPC 涂料水化过程的瞬时反应热功率。因为瞬时反应热功率与反应速率成正比,所以测量瞬时反应热功率就可以描述出 MAPC 水化反应的全过程。测试原理是:热导式等温量热仪的测量池安装有散热装置,此装置长期保持恒温;样品被放入测量池后,发生物理化学反应,在反应过程中产生热效应,测量池的温度升高,被测样品的温度比散热片的温度高,热量从样品流向散热片;温差与热量流动速率成正比,样品和散热片之间的温差由热导式等温量热仪的热电元件测得,接着温差被转化为电压,电压被放大输出;反应若停止,样品与环境具有相同的温度,则没有热效应,测得的电压也就为零。

将适量的水加入 100 g 的 MAPC 干粉的酸性组分(磷酸盐)中, 1 min 后加入碱性组分（MgO）,混合搅拌均匀。称取约 25 g MAPC 浆体,放入盛样皿中,然后将盛样皿放入等温量热仪内开始测量 MAPC 水化过程释放的热量。测试条件:环境温度 20 ℃,湿度 50%~60%,仪器的量程 0~600 mW、电压 220 V。

2.1.2.4　MAPC 水化体系液相 pH 值测试

氢离子的活度一般用 pH 值衡量,即 $pH = -\lg c_{H^+}$。在试验中通常用酸度计(又称 pH 计)来测试溶液的 pH 值。精密电位计是 pH 计的主体。在被测溶液中插入 pH 计的电极,两者之间形成一个电化学原电池,原电池的电动势被 pH 计直接用 pH 值表示出来。本研究使用的是 PHS-3B 型自动温度补偿酸度计。

由于 MAPC 浆体水化反应速度快,水化过程温度变化大,常规条件下用于测试悬浊液 pH 值的方法均不适合于测试终凝前的 MAPC 浆体。参照测试水泥和混凝土硬化体的 pH 值的方法,结合 MAPC 浆体的特点,本研究设计的 MAPC 浆体 pH 值测试方法如下。

1)针对 MAPC 的特性差异和测试要求,将 MAPC 的水灰比放大数倍,从而制成悬浊液。

2)在 MAPC 水化反应过程中,悬浊液被混凝土搅拌仪不停地搅拌,以保证浆体不沉淀,用 pH 计测试悬浊液不同时间的 pH 值。继续搅拌测试后的 MAPC 悬浊液,以备下次测试。

3)考虑到 MAPC 悬浊液的温度变化,采用温度自动补偿 pH 测试仪,在测试 pH 值的同时记录 MAPC 悬浊液的温度。

2.1.2.5　MAPC 硬化体抗压强度测试

按照试验需要的配合比配制 MAPC 浆体。首先将 MAPC 的酸性组分与水混合放入搅拌锅内,使用 SJ-160 型双轴转速水泥净浆搅拌机的手动控制程序,慢速搅拌 1 min,然后加入碱性组分,慢速搅拌 1 min,加砂,再快速搅拌 1~2 min。将拌合好的 MAPC 浆体浇筑到 40 mm × 40 mm × 160 mm 的试模中,捣实后,使试模在胶砂跳桌上振动 60 次,然后刮去多余的浆体。2 h 后,将成型好的试件脱模,用硼砂做缓凝剂的浆体可在 1 h 后脱模。在标准养护条件下养护试件至规定的龄期。MAPC 硬化体的抗压强度用 WED-100 电子式万能材料试验机测得。

2.1.2.6　MAPC 微观分析

本研究使用德国布鲁克(Bruker)公司制造的 X 射线衍射仪测定试样的物相成分。所有的 DSC-TG 热分析均由 NETZSCH STA 409 PC/PG 型热分析仪完成,以 O_2 作保护,以 10 ℃/min 的升温速度从室温一直加热到 800 ℃,以 α-Al_2O_3 为参考物,对相同质量的各种 MAPC 水化试样进行热分析。MAPC 水化产物的形貌分析由美国 FEI 公司生产的 FEI Quanta TM 250 环境扫描电子显微镜完成。

2.2　无硼砂 MAPC 涂料体系的 pH 值和水化产物

参考 MAPC 体系的研究方法,配制高液固比(L/S = 50∶1)的 MAPC 悬浊液,研究不同液固比对 MAPC 性能的影响。按照 4∶1∶0.2 的比例称取氧化镁、磷酸盐和硼砂的混合粉末共 10 g,放入烧杯中,混合均匀,然后加入 500 mL 去离子水。要获得不同的液固比,只需改变混合粉末的总质量即可。

随着反应的进行,当达到特征点时,将 MAPC 悬浊液在真空环境中快速过滤。过滤完毕后,用无水乙醇洗涤过滤器上的残留物,这一步骤的目的是清除残留物中的水,停止

MAPC 的水化反应。同时将残留物置于通风环境中,干燥 24 h。干燥结束后,使用 X 射线衍射和傅里叶变换红外吸收光谱(FTIR)对残留物进行物相鉴别和表征,以分析无硼砂 MAPC 的水化反应过程。

2.2.1　无硼砂 MAPC 涂料体系的 pH 值变化分析

(1)pH 值变化曲线

MAPC 悬浊液体系典型的 pH-温度-时间曲线如图 2-5 所示。由于 $NH_4H_2PO_4$ 在水中瞬间溶解,溶液迅速变为酸性,表现在图 2-5 上就是起始 pH 值很小,随着氧化镁被不断中和,pH 值快速增大。之后,pH 值呈现缓慢增加的趋势。从温度-时间曲线来看,随着时间增加,温度先快速升高到达峰值,然后快速降低,在 pH 值达到 8.5 左右时,逐渐趋于稳定。从温度-时间曲线来看,氧化镁与 $NH_4H_2PO_4$ 的反应是剧烈的放热反应。

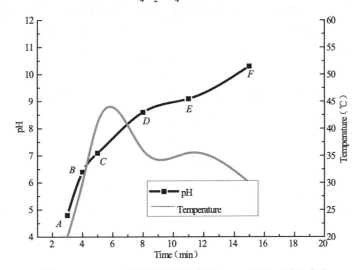

图 2-5　MAPC 悬浊液体系的典型 pH-温度-时间曲线

Figure 2-5　Typical pH-temperature-time curve of the dilute MAPC system

为了研究 MAPC 水化体系的反应机理,需要对图 2-5 中特征点处的固相和溶液组成进行分析。为了便于描述,首先对图 2-5 中的特征点进行标记,其中 A 点表示起始 pH 值,C 点表示 pH 值从快速增大到增速放缓的转折点,E 点表示 pH 值从趋于稳定到显著增加的转折点,B 点和 D 点分别是 A 点和 C 点、C 点和 E 点之间的瞬时点,F 点表示终点 pH 值。

(2)M/P 和 L/S 对 MAPC 涂料体系 pH 值的影响

氧化镁和磷酸一铵的摩尔比(M/P)是 MAPC 材料最重要的参数之一。它不仅会显著影响浆体的凝结时间,而且会影响 MAPC 硬化体的强度和硬度,这可能是由于 M/P 影响了溶液的 pH 值。为了探究其原因,设计 M/P 为 2、4、6、8 和 10 的 5 种体系,各体系的配合比见表 2-4。

表 2-4 MAPC 悬浊液体系的配合比

Table 2-4 Mix ratio used in the dilute MAPC systems

System	Magnesia（g）	Monoammonium phosphate（g）	M/P	Water（mL）
1	4.102	5.897	2	100
2	5.818	4.182	4	100
3	6.761	3.239	6	100
4	7.356	2.644	8	100
5	7.767	2.233	10	100

不同 M/P 对 MAPC 水化体系 pH 值的影响如图 2-6 所示。从图中可以看出,当 M/P 太低(≤4)时,溶液的 pH 值保持在 5~6 之间,且 pH 值增加十分缓慢,20 min 后仍不能升至碱性范围。当 M/P > 4 时,随着 M/P 的增大, pH 值的上升速度加快,反应时间缩短。此外,每个特征点的 pH 值都增大。主要原因是,随着 M/P 的增大,溶解的氧化镁促使 MAPC 水化体系的 pH 值增大,而 pH 值增大有利于反应产物 $MgNH_4PO_4 \cdot 6H_2O$ 的生成。

为了比较 MAPC 稀释液体系和实际的 MAPC 浆体之间的水化反应的差别,本书又进一步研究了液固比(L/S)对 MAPC 配制的反应过程的影响。本书作者设计了一系列数值的 L/S,试图把稀释体系的结果推广到实际的 MAPC 浆体中。但试验发现, L/S 的下限为 5,低于该下限时,反应产物数量太多,溶液黏稠度过高, pH 探针容易被沉淀物包裹,其测定结果与 L/S>5 时的结果不一致。L/S 从 20 减小到 5 的过程中,除 MAPC 水化反应时间变短之外, pH- 时间曲线的形状保持不变,这表明在 L/S 变化过程中, MAPC 体系只有反应速度加快。L/S 越低,溶液中的离子浓度越高,因而反应速度就越快,和实际的 MAPC 浆体的水化反应现象类似。因此,稀释溶液的 pH 值的变化过程可以推广到含水量极低的实际的 MAPC 浆体中。

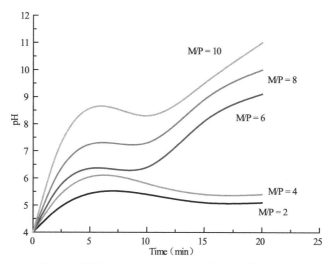

图 2-6 不同 M/P 对 MAPC 水化体系 pH 值的影响

Figure 2-6 Effect of M/P on the pH development of MAPC hydration system

2.2.2 无硼砂 MAPC 涂料体系的水化产物分析

（1）水化产物 XRD 分析

按照 2.2.1 节的方法重新测试每个体系的 pH 值,验证曲线的重复性,确定每个特征点对应的时间。试验过程中,当到达每个特征点对应的时间时,立即取出一部分悬浮液,在真空下快速过滤。然后用乙醇充分洗涤过滤器上的固体,除去所有残留的水。过滤和洗涤过程不超过 1 min。将收集的 MAPC 粉末置于烘箱中,干燥 24 h 后再进行 XRD 物相鉴别。剩余的悬浮液在室温下静置 3 d,待其完全反应,再进行进一步的干燥和分析。

通过 XRD 分析,鉴定不同 M/P 的各个体系的每个特征点处的干燥沉淀物的成分。XRD 结果表明,M/P 不影响 MPC 水化体系的产物。在这里,以 M/P = 4 的样品为例说明此结论。M/P = 4 时 MAPC 水化体系的特征点 A、C、E 和 F 处的 XRD 结果如图 2-7 所示。从图 2-7 中可以看出,XRD 曲线的两个主特征峰的 θ 值在 40° 和 45° 之间,所以图 2-7 给出了 5° 至 45° 范围内的峰。结果表明,在该体系的每一个特征点处,$MgNH_4PO_4 \cdot 6H_2O$ 都是主要的结晶产物。随着时间的推移,$MgNH_4PO_4 \cdot 6H_2O$ 的特征峰强度增强,而 37° 处对应于未反应 MgO 的峰的强度减弱。由此可知,随着 MgO 用量的增加,生成的 $MgNH_4PO_4 \cdot 6H_2O$ 的数量增加,结晶度更高。

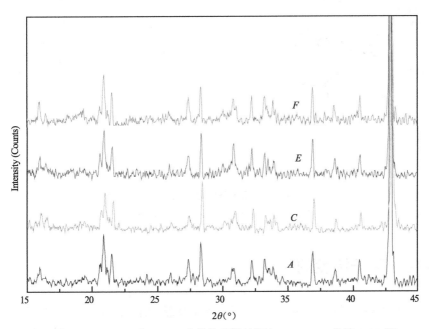

图 2-7   M/P=4 时 MAPC 水化体系的特征点 A、C、E、F 处的 XRD 图

Figure 2-7   XRD diagrams at the locations of A, C, E and F for MAPC hydration system with M/P =4

（2）产物的晶体结构

根据 XRD 的分析结果,以磷酸铵盐为酸性组分的 MAPC 体系的主要水化产物为磷酸

盐水化物 $MgNH_4PO_4 \cdot 6H_2O$（简称 MNP）。MNP 俗称鸟粪石,因最早发现于鸟粪中而得名。它是 MAPC 体系产生胶凝性能的根源。鸟粪石的形成与溶液的组分和 pH 值相关,其晶体形成动力和力学性能与溶液的过饱和度密切相关,研究 MAPC 体系前需全面了解鸟粪石的形成过程。

鸟粪石属于斜方晶系,在自然界中以大单晶体、微小晶体、凝乳和凝胶团等形式存在,它的纯净体为白色粉末。鸟粪石的相对密度是 1.71,相对分子质量为 245.41,硬度是 2,微溶于水和稀酸。25 ℃时,它的溶度积常数为 2.5×10^{-13},溶解度仅为 0.3 g/L。Baggott 等利用伯格进动相机对鸟粪石进行晶体学测试,获得的鸟粪石晶胞参数为 $a = (6.13 \pm 0.02)$ Å, $b = (6.92 \pm 0.02)$Å, $c = (11.19 \pm 0.02)$Å（注: 1 Å=0.1 nm, 下同）,空间群为 Pnm21,其单元结构如图 2-8 所示。

从图 2-8 中可以看出,鸟粪石中的 6 个水分子和镁离子配位形成 $[Mg(H_2O)_6]^{2+}$,这一配位离子以离子键作用力的形式与 PO_4^{3-}、NH_4^+ 结合在一起,形成了 $MgNH_4PO_4 \cdot 6H_2O$。其中,PO_4^{3-} 是规则的四面体结构,存在磷氧键,磷氧键平均键长为 $(1.537\ 0 \pm 0.001\ 1)$Å。$[Mg(H_2O)_6]^{2+}$ 为八面体,呈不规则形状,存在水镁氧键,水镁氧键平均键长为 $(2.071\ 1 \pm 0.001\ 1)$Å。水分子的氢氧键平均键长为 (0.778 ± 0.014)Å。

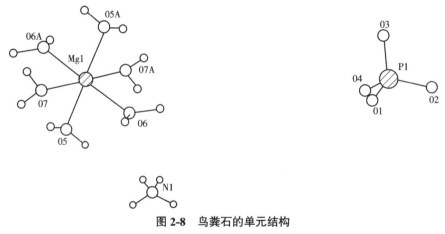

图 2-8　鸟粪石的单元结构

Figure 2-8　Structure cell of struvite

2.3　pH 值对离子浓度的影响

固体沉淀物的 XRD 分析表明,反应过程中未出现新的结晶产物。经分析,测定滤液中主要元素的浓度变化不仅可以验证先前的假设,而且可以为反应机理的分析提供一些补充信息。

为了方便分析,本书将材料的浓度值转换为与初始浓度值的比,这一比值称为剩余率。这样, M/P 就代表着 MAPC 水化反应过程中各特征点处溶液中的元素残留量。还应注意,

Mg²⁺ 的浓度（或剩余率）与溶液的 pH 值成反比（图 2-9），这是因为 MgO 是一种微溶性氧化物，它在中性或碱性溶液中的溶解度非常小，并且溶解度随着 pH 值的增大而减小。式（2-1）可用于计算不同 pH 值下 Mg²⁺ 在碱性溶液中的浓度。从式中可以看出 pH 值越低，Mg²⁺ 的溶解程度越高，反之亦然。

$$\lg\,[Mg^{2+}(aq)] = 16.93 - 2\,pH \qquad\qquad (2\text{-}1)$$

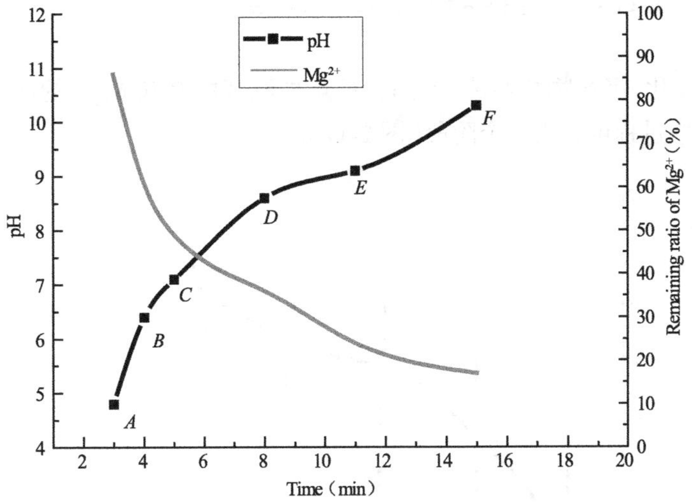

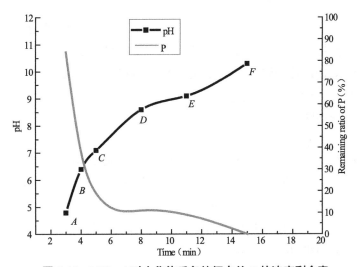

图 2-9　M/P = 4 时水化体系各特征点处 Mg²⁺ 的浓度剩余率

Figure 2-9　Remaining ratio of Mg²⁺ in the filtrates obtained at different points for the sample with M/P=4

pH 值曲线特征点对应的 P 的浓度如图 2-10 所示。从图 2-10 可以看出，在整个水化过程中，P 的剩余率急剧下降，从第一个特征点 A 的 84% 下降到 B 点的 38%，然后又下降到 C 点的 19%。在最后一个特征点 F 处，P 几乎完全消耗，剩余率可以忽略不计。

图 2-10　M/P = 4 时水化体系各特征点处 P 的浓度剩余率

Figure 2-10　Remaining ratio of P in the filtrates obtained at different points for the sample with M/P=4

$NH_4H_2PO_4$是一种酸性盐，能迅速溶于水，pH值为3.8~4.2（对应于M/P为2~12）。MgO颗粒一加入该酸性溶液中便立即溶解，Mg^{2+}被释放到悬浮液中。溶解的PO_4^{3-}和Mg^{2+}可以相互反应，生成$MgNH_4H_2PO_4 \cdot 6H_2O$结晶，该过程如反应式（2-2）所示。

$$NH_4H_2PO_4 + MgO + 5H_2O \longrightarrow Mg\,NH_4PO_4 \cdot 6H_2O \tag{2-2}$$

2.4 无硼砂 MAPC 涂料体系的反应过程

根据pH值变化、沉淀物相组成、不同特征点处滤液中P和Mg^{2+}的浓度等信息推断，MAPC的水化反应过程可分为三个阶段（图2-11）。

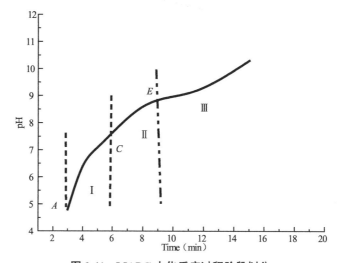

图 2-11 MAPC 水化反应过程阶段划分

Figure 2-11 Classification of the reaction stages of the MAPC system

阶段 I（C点之前）：$NH_4H_2PO_4$的溶解。如反应式（2-3）至反应式（2-5）所示，MgO和$NH_4H_2PO_4$粉末与水混合后，$NH_4H_2PO_4$立即溶解，形成酸性溶液，然后MgO轻微溶解。$NH_4H_2PO_4$可溶于水，因此这一阶段所需时间非常短，通常小于5 min。

$$NH_4H_2PO_4 \longrightarrow H_2PO_4^- + NH_4^+ \tag{2-3}$$

$$H_2PO_4^- \longrightarrow HPO_4^{2-} + H^+ \tag{2-4}$$

$$HPO_4^{2-} \longrightarrow PO_4^{3-} + H^+ \tag{2-5}$$

阶段 II（从C点到E点）：$MgNH_4PO_4 \cdot 6H_2O$的结晶。随着MgO继续溶解，酸被慢慢中和，溶液的pH值缓慢上升。同时，如反应式（2-2）所示，$H_2PO_4^-$容易与MgO溶解产生的Mg^{2+}反应生成磷酸盐。$MgNH_4PO_4 \cdot 6H_2O$的浓度达到溶度积就会沉淀。

阶段 III（E点之后）：$MgNH_4PO_4 \cdot 6H_2O$继续结晶。当结晶占主导地位的时候，溶液的pH值会因OH^-的消耗而略有下降。

通过监测pH-温度变化、过滤特征点处悬浮液，对残留物进行物相鉴别，测试溶液中的离子浓度，揭示了MAPC稀释液体系的反应机理。根据试验互补的结果，建立了MAPC涂料体系三步反应过程。

2.5 硼砂对 MAPC 涂料体系的缓凝作用

在 MAPC 涂料体系中，酸性磷酸盐与高温煅烧得到的 MgO 之间的反应是放热的，而且非常剧烈，该反应形成的浆体会在几分钟内凝固成硬化体。为了得到较好的样品，有必要减慢这一反应过程。已有研究表明硼砂是一种有效的缓凝剂，但其缓凝机理尚不清楚。随着硼砂含量的增加，MAPC 的凝结时间明显延长，但会对 MAPC 的早期强度产生不利的影响。为了进一步探讨硼砂对 MAPC 涂料的缓凝机理，本节考察了硼砂对 MAPC 涂料体系的 pH‒温度曲线的影响。

硼砂，也称为硼酸钠、四硼酸钠或四硼酸二钠，是一种重要的硼化合物、硼酸盐。硼砂一般记为 $Na_2B_4O_7 \cdot 10H_2O$。但是，如图 2-12 所示，硼砂含有 $[B_4O_5(OH)_4]^{2-}$ 离子，因此记为 $Na_2[B_4O_5(OH)_4] \cdot 8H_2O$ 更合适。该结构中有 2 个四配位硼原子（2 个 BO_4 四面体）和 2 个三配位硼原子（2 个 BO_3 三角形）。硼砂晶体为点群为 2/m 的单斜晶系。其晶胞尺寸为 $a = 11.8790(2)$Å、$b = 10.6440(2)$Å、$c = 12.2012(2)$Å，$P = 106.617(1)°$，晶胞中有 4 个分子，可溶于水。

硼砂通常用于制备缓凝剂。硼砂溶解在水中，会形成典型的缓冲溶液，该溶液可以看作是由弱三价硼酸 H_3BO_3 和它的单钠盐 NaH_2BO_3 按 1∶1 的比例组成的。硼砂是非常有效的缓凝剂，这是由于硼砂释放的硼酸及其共轭碱 $B(OH)_4^-$ 的物质的量相等，如反应式（2-11）所示。硼酸的 pK_a 常数分别为 9.14、12.74 和 13.8，在第一热力平衡的 pK_a 下，可以得到 pH ≈ 9.14 的缓冲液。

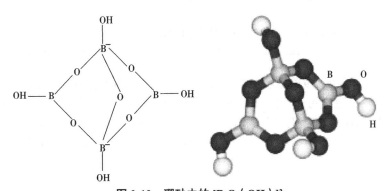

图 2-12　硼砂中的 $[B_4O_5(OH)_4]^{2-}$

Figure 2-12　Unit of $[B_4O_5(OH)_4]^{2-}$ in borax

$$[B_4O_5(OH)_4]^{2-} + 5H_2O \longrightarrow 2H_3BO_3 + 2B(OH)_4^- \qquad (2\text{-}6)$$

2.5.1 硼砂对 MAPC 涂料体系的 pH 和温度曲线的影响

硼砂对 M/P = 4 的 MAPC 涂料体系的 pH 和温度曲线的影响分别见图 2-13 和图 2-14。从图 2-13 可以看出,无论添加多少硼砂,三条 pH 曲线的形状相似,pH 的变化呈现相似的规律。随着硼砂掺量的增加,第二阶段持续的时间显著延长。不含硼砂的 MAPC,第二阶段的持续时间约为 240 s;含 5% 的硼砂时,第二阶段的持续时间延长到 400 s;含 10% 的硼砂时,第二阶段的持续时间延长到 900 s。pH 曲线的另一个显著变化是,随着硼砂掺量的不断增加,MAPC 涂料体系的 pH 值逐渐下降,如添加 5% 的硼砂,MAPC 涂料体系的 pH 值从 10.7 降低到 8.3。

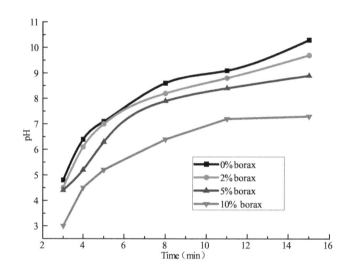

图 2-13 硼砂对 MAPC 体系 pH 曲线的影响(M/P = 4)

Figure 2-13　Effect of borax on the pH curve of MAPC system(M/P = 4)

从图 2-14 可以看出,四条温度曲线的变化趋势类似,都是在 6~8 min 达到最高点。不含硼砂的试样,最高温度可达 52 ℃;含 5% 的硼砂时,最高温度可达 43 ℃;含 10% 的硼砂时,最高温度可达 40 ℃。由此可见,随着硼砂含量的提高,MAPC 浆体的最高温度逐渐下降,升温速度也逐渐下降,到达最高温度经历的时间逐渐延长,但延长效果不明显。

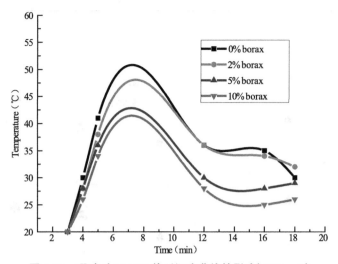

图 2-14   硼砂对 MAPC 体系温度曲线的影响(M/P = 4)

Figure 2-14   Effect of borax on the temperature curve of MAPC system(M/P = 4)

2.5.2   硼砂对 MAPC 涂料体系的水化产物的影响

Wagh 曾报道过在 MAPC 体系中,有一种新的硼化合物形成,这可能是用磷酸二氢铵制备 MAPC 时发生缓凝现象的主要原因。为了弄清楚缓凝作用是否与某些含硼化合物的形成有关,本书对特征点 C、F 处的粉末状沉淀物进行 XRD 分析。XRD 的结果如图 2-15 所示。结果表明:加入硼砂后,整个过程无明显差异,没有发现新的结晶产物;除了未反应的 MgO 外,主要成分是水化产物 $MgNH_4PO_4 \cdot 6H_2O$。这与其他学者提出的硼砂的缓凝机理不同,可能是因为采用了不同的磷酸盐制备 MAPC,其反应机理或过程可能不同。pH 变化、温度变化和组成分析都表明,硼砂的加入不会改变反应过程中的产物。

试验表明,加入硼砂可以降低 MAPC 体系的 pH 值和温度从而延缓反应过程,这主要是因为硼砂的加入抑制了 MgO 颗粒在水中的溶解或 MgO 水化产物的缓冲作用。此外,MgO 在酸中的溶解是放热反应,这些热量可以加速 MAPC 的反应,而硼砂可以吸收其中一部分热量,从而延缓反应发生。

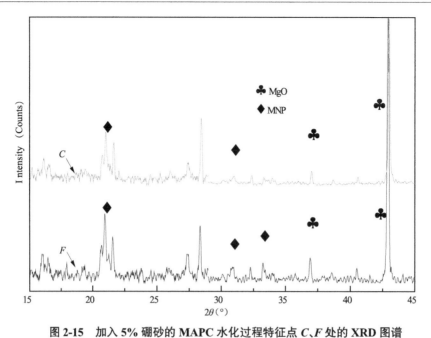

图 2-15　加入 5% 硼砂的 MAPC 水化过程特征点 *C*、*F* 处的 XRD 图谱

Figure 2-15　XRD pattern at the locations of *C*, *F* for MAPC with the addition of 5% borax

2.5.3　硼砂的缓凝机理

综合硼砂对 MAPC 涂料体系 pH 值和水化温度的影响以及无新的水化产物产生的情况,可以得到硼砂的缓凝机理。

1)当硼砂掺量较少(2%)时,硼砂在 MAPC 水化体系中以自身溶解为主。如图 2-16 (a)所示,少量的硼砂在 MAPC 水化体系液相中充分溶解,液相中的硼酸根离子迅速被吸附到 MgO 颗粒周围;由于水含量较低,仅部分磷酸一铵在液相中溶解并电离出 H^+ 和 PO_4^{3-},部分磷酸一铵以固态形式分布在 MAPC 体系中。如图 2-16(b)所示,MgO 颗粒在呈酸性的 MAPC 水化体系液相环境中溶解,并水解生成水合镁离子围绕在 MgO 颗粒周围,少量分散到液相中的水合镁离子迅速与 PO_4^{3-} 反应生成 $MgNH_4PO_4 \cdot 6H_2O$;分布在 MgO 颗粒周围的部分水合镁离子与硼酸根离子同时覆盖在 MgO 颗粒表面形成离子层,占据了液相中 PO_4^{3-} 的位置,间接地阻碍了液相中 PO_4^{3-} 与 MgO 颗粒周围的水合镁离子的接触,水化反应速度减慢。随着液相中 PO_4^{3-} 逐步透过离子层与 MgO 颗粒周围的水合镁离子反应生成磷酸盐水化物(MNP),部分离子层被胀破,其中的水合镁离子和 $MgNH_4PO_4 \cdot 6H_2O$ 扩散到 MAPC 液相中,水合镁离子与 PO_4^{3-} 反应生成较多的 $MgNH_4PO_4 \cdot 6H_2O$ 分散在 MAPC 液相中。

2)当硼砂掺量增加到 5% 时,硼砂在 MAPC 涂料体系中以降低反应液的 pH 值作用为主。硼砂在呈酸性的 MAPC 水化体系液相中溶解度增大,更多的硼酸根被迅速吸附到 MgO 颗粒周围,剩余的硼酸根分散在 MAPC 涂料体系液相中并释放出 H^+,MAPC 水化体系液相的 pH 值被降低,进而导致 MNP 在液相中的溶解度降低,液相中 PO_4^{3-} 含量降低。MgO

颗粒在呈酸性的 MAPC 涂料体系液相中溶解,并水解生成水合镁离子围绕在 MgO 颗粒表面,分散到液相中的水合镁离子迅速与 PO_4^{3-} 反应生成 $MgNH_4PO_4 \cdot 6H_2O$;MgO 颗粒周围的部分水合镁离子与更多的硼酸根离子覆盖在 MgO 颗粒表面形成比较厚的离子层,占据了液相中 PO_4^{3-} 更多的位置,阻碍了 PO_4^{3-} 与水合镁离子的接触(图 2-16(c))。由于液相中有较多的 PO_4^{3-},它们很快透过离子层与水合镁离子反应生成磷酸盐水化物,大量水合镁离子和 $MgNH_4PO_4 \cdot 6H_2O$ 扩散到 MAPC 液相中,液相中的水合镁离子与 PO_4^{3-} 反应生成较多的 MNP。

3)当硼砂掺量增加到 5% 时,硼砂在 MAPC 水化体系中也能起到降温的作用。硼砂在 MAPC 水化体系液相中溶解,少量硼酸根被迅速吸附到 MgO 颗粒周围,其余均分散在液相中;硼砂在呈酸性的液相中的溶解过程吸收大量水化热使 MPC 水化体系温度降低,进而使磷酸一铵在液相中的溶解度降低,液相中 PO_4^{3-} 浓度减小,其余磷酸一铵多以固态形式分布在 MPC 水化体系中(图 2-16(d))。MgO 颗粒在呈酸性的 MAPC 水化体系液相中溶解并水解生成水合镁离子围绕在 MgO 颗粒表面,部分水合镁离子分散到液相中并迅速与 PO_4^{3-} 反应生成 MNP。MgO 在酸中的溶解是放热反应,这些热可以加速反应,而硼砂可以吸收一些热,从而延缓反应发生。

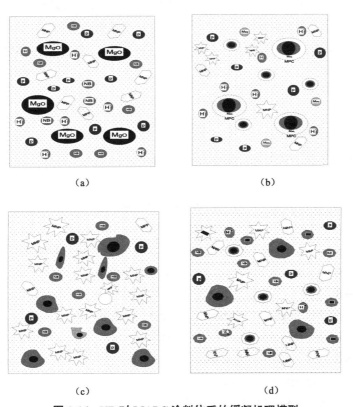

(a)　　　　　　　　　　　　(b)

(c)　　　　　　　　　　　　(d)

图 2-16　NB 对 MAPC 涂料体系的缓凝机理模型

(a)第一阶段　(b)第二阶段　(c)第三阶段　(d)第四阶段

Figure 2-16　Mechanism model of MAPC coating system retarded by NB

(a)Stage One　(b)Stage Two　(c)Stage Three　(d)Stage Four

2.6 本章小结

本章通过制备 MAPC 涂料的稀释悬浮液,利用 pH 计和水化热测试仪对制备 MAPC 涂料的反应过程中的 pH 值和水化温度进行了测量,研究了 MAPC 涂料体系的反应机制。通过测试 MAPC 涂料体系反应过程中特征点处的 pH 值、水化温度和离子浓度,结合物相分析,提出了新的 MAPC 涂料的反应机理模型。然后,通过测试不同硼砂含量的 MAPC 涂料体系的水化放热特性、pH 值以及 MAPC 硬化体的物相组成,提出了硼砂对 MAPC 水化体系的缓凝新机理。具体内容可归纳如下。

1)氧化镁－磷酸－铵－水的稀释悬浮三元体系的研究过程适用于 MAPC 涂料反应过程的研究。根据 MAPC 涂料反应过程中特征点处的 pH 值、水化温度和离子浓度的变化,将 MAPC 涂料反应过程分为 $NH_4H_2PO_4$ 的溶解、$MgNH_4PO_4 \cdot 6H_2O$ 初结晶、$MgNH_4PO_4 \cdot 6H_2O$ 继续结晶生成三个阶段。

2)加入硼砂只能通过降低 MAPC 水化体系的 pH 值和水化温度局部延缓 MAPC 的凝结,这一过程中未形成新的水化产物。但并非硼砂越多,缓凝效果越好,当硼砂的含量为 5% 时,缓凝效果较好,之后随着硼砂含量的增加,缓凝效果反而减弱;随着硼砂含量的进一步增加,缓凝效果稍微提高。硼砂可改善 MAPC 浆体的流动性,硼砂含量对 MAPC 硬化体的抗压强度有影响。

参考文献

[1] STIERLI R F, TARVER C C, GAIDIS J M. Magnesium phosphate concrete compositions: US3960580[P]. 1976.

[2] SUGAMA T, KUKACKA L E. Magnesium monophosphate cements derived from diammonium phosphate solutions[J]. Cement and Concrete Research, 1983, 13(3): 407-416.

[3] SUGAMA T, KUKACKA L E. Characteristics of magnesium monophosphate cements derived from ammonium phosphate solutions[J]. Cement and Concrete Research, 1983, 13(3): 407-416.

[4] SARKAR A K. Investigation of reaction/bonding mechanisms in regular and retarded magnesium ammonium phosphate cement systems[J]. Cement Technology, 1994, 5: 281-288.

[5] SEEHRA S S, GUPTA S, KUMAR S. Rapid setting magnesium phosphate cement for quick repair of concrete pavements: characterisation and durability aspects[J]. Cement and Concrete Research, 1993, 23(2): 254-266.

[6] 杨全兵,吴学礼. 新型超快硬磷酸盐修补材料的研究 [J]. 混凝土与水泥制品, 1995, 6(2): 13-15, 30.

[7] YANG Q B, WU X L. Factors influencing properties of phosphate cement-based binder for

rapid repair of concrete[J]. Cement and Concrete Research, 1999,29（3）: 389-396.

[8] 姜洪义,梁波,张联盟. MPB超早强混凝土修补材料的研究 [J]. 建筑材料学报, 2001, 4（2）: 196-198.

[9] 姜洪义,张联盟. 磷酸镁水泥的研究 [J]. 武汉理工大学学报,2001,23(4):32-34.

[10] 汪宏涛,钱觉时,曹巨辉. 磷酸镁水泥基材料复合减水剂的应用研究[J]. 建筑材料学报, 2007,10(1):71-76.

[11] SUGAMA T，KUKACKA L E. Magnesium monophosphate cement derived from diammonium phosphate solutions[J]. Cement and Concrete Research,1983,13（3）:407-416.

[12] SUGAMA T，KUKACKA L E. Characteristics of magnesium monophosphate cements derived from ammonium phosphate solutions[J]. Cement and Concrete Research，1983，1 3（3）:499-506.

[13] 孙佳龙,黄煜镔,范英儒,等. 磷酸镁水泥用作道路的快速修补材料研究[J]. 功能材料, 2018,49(1):1040-1043.

[14] WAGH A S，SINGH D. Method for stabilizing low-level mixed wastes at room temperature:US5645518A[P]. 1997.

[15] WAGH A S，JEONG S Y，SINGH D. High strength phosphate cement using industrial by-product ashes [C]// AZIZINANNINI A，et al. Proc. of First International Conference. ASCE, 1997:542-533.

[16] DING Z. Research of magnesium phosphosilicate cement [D]. Hong Kong: The Hong Kong University of Science and Technology, 2005.

[17] 邢锋,吕剑锋,杨静,等. 水泥砂浆流变学性能的评价方法[J]. 材料研究学报, 2000, 14（3）:307-310.

[18] MURATA J，SUZUKI K. New method of testing the flow ability of grout[J]. Magazine of Concrete Research,1997,49(181):269-276.

[19] FRANTZIS P，BAGGOTT R. Effect of vibration on the rheological characteristics of magnesia phosphate and ordinary portland cement slurries[J]. Cement and Concrete Research, 1996,26（3）:387-395.

[20] FRANTZIS P，BAGGOTT R. Rheological characteristics of retarded magnesia phosphate cement[J]. Cement and Concrete Research,1997,27（8）:1155-1166.

[21] IYENGER S R，AL-TABBAA A. Developmental study of a low-pH magnesium phosphate cement for environmental applications[J]. Environmental Technology Letters, 2007, 28（12）:1387-1401.

[22] RÄSÄNEN V，PENTTALA V. The pH measurement of concrete and smoothing mortar using a concrete powder suspension[J]. Cement and Concrete Research，2004，34（5）: 813-820.

[23] NEIMAN R，SARMA A C. Setting and thermal reactions of phosphate investment[J].

Journal of Dental Research, 1980, 59(9): 1478-1485.

[24] 日本化学会. 无机化合物合成手册(第 2 卷)[M]. 安家驹, 陈之川, 译. 北京: 化学工业出版社, 1986: 56-60.

[25] HAO X D, WANG C C, LAN L, et al. Struvite formation, analytical methods and effects of pH and Ca^{2+}[J]. Water Science and Technology, 2008, 58(8): 1687-1692.

[26] OHIINGER K N, YOUNG T M, SCHROEDER E D. Predicting struvite formation in digestion[J]. Water Research, 1998, 32(12): 3607-3614.

3　复合缓凝剂配制及机理分析

3.1　配制原理与组分选择

由硼砂对 MAPC 水化体系的缓凝机理可知,生成的硼酸盐可以降低水化体系的温度,减小液相中参与水化反应的离子的浓度,这两种作用均可延缓 MAPC 浆体的凝结。但降低液相 pH 值会产生相反的作用,即加速 MgO 的溶解,从而加速 MAPC 浆体的凝结,而增加液相总磷浓度、促进 MNP 的结晶和成长同样会加速 MAPC 浆体的凝结。少量硼砂(5%)的添加可产生较好的缓凝效果,硼砂掺量增加可使降温作用和调节 pH 值作用增强,但由于降低 pH 值造成的两种相反作用, MAPC 浆体的凝结时间并没有随硼砂掺量的增加而延长。因此,研制新的缓凝剂十分有必要。结合鸟粪石形成的相关理论,本研究拟选择在 MAPC 水化体系中能产生不同作用的缓凝组分配制复合缓凝剂。复合缓凝剂中应包含两种功能组分,第一种功能组分应能在 MAPC 水化体系中生成沉淀保护膜,第二种功能组分应能对 MAPC 水化体系产生较好的降温效果,但需对 MAPC 水化体系的 pH 值影响不明显。

按照复合缓凝剂的设计原理,第二种功能组分应具有较高溶解热和相变热,加入 MAPC 水化体系后具有明显的降温效果并对水化体系的 pH 值不会有较大影响。本研究筛选了众多的产品,最终选定冰醋酸(glacial acetic acid)作为具有第二种功能的组分,进行复合缓凝剂的制备。

冰醋酸是含有两个碳原子的饱和羧酸,其空间结构见图 3-1。冰醋酸的羧基氢原子可以部分电离出氢离子,使羧酸呈现酸性。冰醋酸的水溶液属于一元弱酸,酸度系数是 4.8,25 ℃下的 pK_a = 4.75,1 mol/L 冰醋酸溶液的 pH = 2.4。

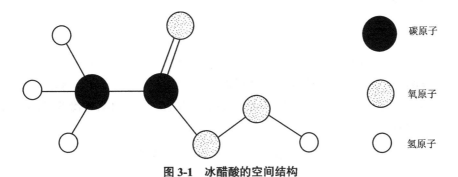

● 碳原子

氧原子

○ 氢原子

图 3-1　冰醋酸的空间结构

Figure 3-1　Spatial structure of glacial acetic acid

3.2 原材料与试验方法

3.2.1 原材料

按照 2.1.1 节所述,选择的原材料的性能如下。

重烧氧化镁粉(MgO):MgO 含量超过 98%(质量分数),经过球磨机研磨得到;磷酸二氢铵($NH_4H_2PO_4$):工业级,$NH_4H_2PO_4$ 含量为 99%;硼砂(NB):工业级,具有缓凝作用;砂:标准砂;冰醋酸溶液:食品级冰醋酸(≥99%)加入水,配制成不同浓度的冰醋酸溶液。

磷酸铵镁水泥(MAPC)浆体由氧化镁粉(MgO)、磷酸二氢铵($NH_4H_2PO_4$)、复合缓凝剂(硼砂 + 冰醋酸)按一定比例配制。其中液灰比(m_L/m_{MPC})为 0.18,硼砂(NB)掺量为氧化镁粉(MgO)质量的 2%。保持 $m_{MgO}/m_{NH_4H_2PO_4}$ 和 m_L/m_{MPC} 不变,研究复合缓凝剂对 MAPC 性能的影响,其试验分组和配合比见表 3-1。

表 3-1　MAPC 净浆配合比
Table 3-1　Mix ratio of MAPC pastes

Code	$m_{MgO}/m_{NH_4H_2PO_4}$	m_{NB}/m_{MgO}	m_L/m_{MPC}	Glacial acetic acid concentration
M1	4	2%	0.18	0
M2	4	2%	0.18	3%
M3	4	2%	0.18	6%
M4	4	2%	0.18	9%

3.2.2 试验方法

(1)凝结时间

用维卡仪测定 MAPC 净浆的凝结时间。因为 MAPC 净浆在常温下初、终凝时间间隔较短,所以仅测终凝时间,且快接近终凝时每隔 1 min 测一次。参照国家标准《水泥标准稠度用水量、凝结时间、安定性检验方法》(GB/T 1346—2011)测定 MAPC 净浆的凝结时间。

(2)抗压强度

将拌合好的 MAPC 浆体按照 $m_{MPC}:m_s=1:1.45$ 的配比加入标准砂(S)进行搅拌,浇筑到 40 mm × 40 mm × 160 mm 的试模中,捣实后在胶砂跳桌上振动 60 次,刮去多余浆体。成型好的试件 3 h 后脱模,在(20±3)℃、相对湿度为 98% 的环境中将试件养护至规定龄期,用 WED-100 型电子式万能试验机测定试件的 1 d、3 d、7 d、28 d 的抗压强度。

（3）水化热温度

在 20 ℃ 的环境温度下,将适量水加入 MAPC 干粉的酸性组分（磷酸盐）中,1 min 后加入碱性组分（MgO）,混合搅拌均匀,开始计时,整个过程在绝热容器内完成。将 K 型热电偶插入浆体中部,用 BTM-4208SD 型自动温度记录仪记录水化时体系的温度变化。

（4）pH 值

按照 2.1.2.4 节所述方法对体系的 pH 值进行测试。

3.3 复合缓凝剂对 MAPC 涂料性能的影响

3.3.1 复合缓凝剂对 MAPC 凝结时间的影响

掺加不同浓度冰醋酸的 MAPC 浆体的凝结时间见图 3-2。由图 3-2 可知,MAPC 的凝结时间随着冰醋酸浓度的增大逐渐延长。只掺入硼砂,未掺加冰醋酸时,MAPC 的凝结时间为 14 min;当冰醋酸浓度为 3% 时, MAPC 的凝结时间为 29 min;当冰醋酸浓度为 9% 时,MAPC 的凝结时间为 48 min。加入冰醋酸后, MAPC 的凝结时间比未加冰醋酸时延长 34 min。由此可见,冰醋酸的加入对 MAPC 的缓凝作用明显。

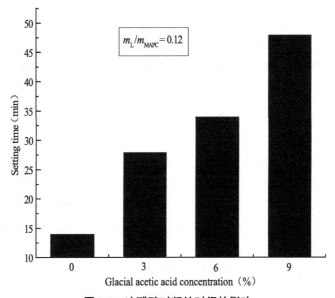

图 3-2　冰醋酸对凝结时间的影响

Figure 3-2　Effect of glacial acetic acid on setting time

3.3.2 复合缓凝剂对 MAPC 抗压强度的影响

图 3-3 为掺加不同浓度冰醋酸的 MAPC 砂浆的抗压强度发展曲线。由图 3-3 可知,掺加不同浓度冰醋酸的砂浆试件的早期强度发展迅速,浓度为 3%、6% 的砂浆试件的 1 d 和 3 d 强度在 50 MPa 左右,7 d 强度比 1 d 强度提高 20%,增幅较大。随着反应进行,后期强度有所增长,但增长缓慢。

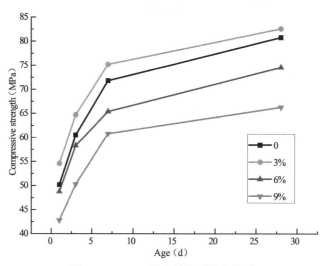

图 3-3　MAPC 砂浆的抗压强度发展

Figure 3-3　Development of compressive strength of MAPC mortar

加入冰醋酸后砂浆的抗压强度和未加冰醋酸时的强度增长趋势基本一致,早期强度增长很快,后期强度增长缓慢,这一结果符合 MAPC 的高早强特点。未加冰醋酸时 MAPC 砂浆的 3 d 强度为 60.5 MPa,加入 3% 冰醋酸后的 3 d 强度为 64.7 MPa。由此可见,冰醋酸既起到了缓凝的作用,也起到了提高早强的作用。

图 3-4 为冰醋酸对 MAPC 砂浆抗压强度的影响。由图 3-4 可知,掺加 3% 冰醋酸的试件的强度比未掺加冰醋酸的试件的强度均有所提高,尤其是早期(1 d 和 3 d)强度有明显提高。随着冰醋酸浓度的增加, MAPC 砂浆的强度呈现先升高后降低的趋势。当冰醋酸浓度为 3% 时, MAPC 砂浆的强度最高, 28 d 强度已超过 82.6 MPa,而未加冰醋酸的试件的强度为 80.8 MPa。当冰醋酸浓度超过 3% 时,试件的强度开始下降,且随着冰醋酸浓度的增加,试件的强度下降明显。因此,根据冰醋酸的缓凝作用和对 MAPC 强度的影响,冰醋酸的最佳浓度为 3% 左右。

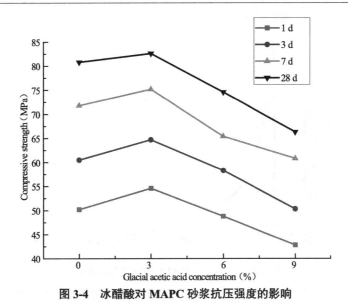

图 3-4　冰醋酸对 MAPC 砂浆抗压强度的影响

Figure 3-4　Effect of glacial acetic acid concentration on compressive strength of MAPC mortar

3.3.3　复合缓凝剂对 MAPC 水化产物氨气的影响

由氧化镁和磷酸一铵配制的 MAPC 在水化过程中会释放气味难闻的氨气。这种气体不仅会腐蚀试验设备,而且会污染环境。加入冰醋酸后,MAPC 在成型和水化反应的过程中没有产生气味难闻的氨气。

试验过程中,加入冰醋酸的试件散发出芬芳气味,且振捣过程中未有明显的气泡产生,说明硬化过程中未产生微量气体。加盐酸的试件和未加盐酸的试件一样,振捣过程中有大量气泡产生,同时释放出具有刺激性气味的氨气。加入冰醋酸的试件未产生刺激性气味,说明试件成型和水化反应时没有产生氨气。

3.3.4　复合缓凝剂对 MAPC 水化温度的影响

（1）不掺加冰醋酸

MAPC 浆体的水化温度曲线见图 3-5。由图 3-5 可知,水化反应开始后, MAPC 浆体的温度快速升高,到达最高温度后逐渐下降,直至与环境温度一样,然后保持恒定。MAPC 浆体的水化温度曲线有一个温度峰和一个休止期,温度峰值超过 80 ℃。

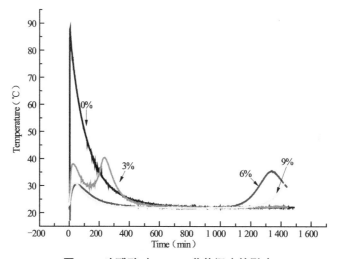

图 3-5　冰醋酸对 MAPC 浆体温度的影响

Figure 3-5　Effect of glacial acetic acid on temperature of MAPC paste

（2）掺加 3% 冰醋酸

水化反应之初，MAPC 浆体温度上升到 35 ℃后开始下降，随后温度继续上升至 40 ℃，然后开始下降，直至与环境温度一致，浆体温度不再变化。水化温度曲线有两个温度峰和一个休止期，第一个温度峰值没有超过 40 ℃，第二个温度峰值在 40 ℃左右，两个温度峰值之间相距较近。由此说明，冰醋酸改变了 MAPC 浆体的放热特性，且对第一个温度峰值影响较大，同时出现第二个温度峰值。

（3）掺加 6% 冰醋酸

当掺加 6% 冰醋酸时，水化温度曲线先上升后下降，再上升再下降，最后稳定至室温。水化温度曲线也有两个温度峰和一个休止期，第一个温度峰值没有超过 30 ℃，第二个温度峰推迟 16 h 后出现，温度峰值没有超过 40 ℃。

（4）掺加 9% 冰醋酸

水化反应开始后，MAPC 浆体温度快速升高至最高温度 30 ℃后开始下降，直至与环境温度一致。当稳定较长时间后，浆体的温度又出现上升的趋势。MAPC 浆体的水化温度曲线只有一个温度峰和一个休止期，温度峰值没有超过 30 ℃。

由上述分析可知：掺加不同浓度冰醋酸的 MAPC 浆体的水化温度的第一个温度峰值较不掺加冰醋酸的 MAPC 浆体明显降低，且出现第二个温度峰值。随着冰醋酸浓度的增大，第一个温度峰值逐步降低，第二个温度峰值出现的时间逐步延迟，且延迟效果明显。显然，冰醋酸对 MAPC 浆体的缓凝作用还是很明显的。

3.3.5　复合缓凝剂对 MAPC 体系 pH 值的影响

冰醋酸对 MAPC 体系 pH 值的影响如图 3-6 所示。从图 3-6 可以看出，加入冰醋酸后，

MAPC 水化体系 pH 值的变化趋势和未加冰醋酸时 pH 值的变化趋势基本一致。未加冰醋酸时,pH 值从 5 min 时的 4.8 增加到 10 min 时的 7.5,再到 25 min 时的 10.2,说明 MAPC 水化体系反应初期为酸性环境,随着反应的进行,从酸性环境逐渐向中性和碱性环境转变,MAPC 水化体系最终呈现碱性。冰醋酸的掺加对 MAPC 水化体系的 pH 值影响不大,尽管随着冰醋酸浓度的增加,MAPC 水化体系的 pH 值有所降低,但降幅很小。掺加冰醋酸后,MAPC 水化体系从反应之初的酸性向中性和碱性转变的时间有所延长。加入冰醋酸后的 MAPC 水化体系最终也呈现碱性。

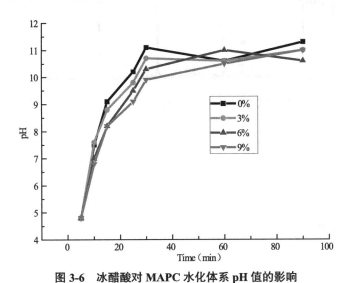

图 3-6　冰醋酸对 MAPC 水化体系 pH 值的影响

Figure 3-6　Effect of glacial acetic acid on the pH of MAPC hydration system

3.4　复合缓凝剂缓凝机理分析

3.4.1　微观分析

（1）XRD 分析

图 3-7 为 MAPC 净浆硬化体养护 28 d 的 XRD 图谱。其中,图 3-7(a)、图 3-7(b)分别为未掺加冰醋酸和掺 3% 冰醋酸的 MAPC 净浆硬化体在标准条件下养护 28 d 的 XRD 图谱。由图可知,掺加与未掺加冰醋酸的试件的 XRD 图谱中 MgO 的衍射峰都很强,说明存在大量未水化的 MgO。此外,由图 3-8(b)可知,加入冰醋酸后,图谱中除了 MgO、$NH_4H_2PO_4$、$MgNH_4PO_4 \cdot 6H_2O$ 的衍射峰之外,还有新生成物 $C_4H_6O_4Mg \cdot 4H_2O$(四水合醋酸镁)的衍射峰,说明水化反应过程中,冰醋酸与镁离子发生反应,生成四水合醋酸镁凝胶。

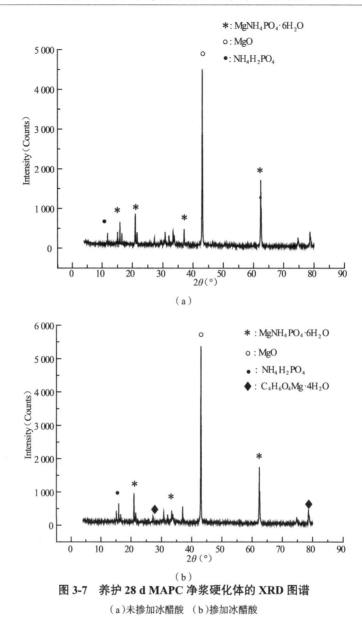

图 3-7　养护 28 d MAPC 净浆硬化体的 XRD 图谱

（a）未掺加冰醋酸　（b）掺加冰醋酸

Figure 3-7　XRD pattern of hardened MAPC paste for 28 d curing

（a）Without glacial acetic acid　（b）With glacial acetic acid

（2）SEM 分析

图 3-8（a）、图 3-8（b）分别为未掺加冰醋酸和掺加冰醋酸后的 MAPC 养护 28 d 的 SEM 图。由图 3-8（a）、图 3-8（b）可见,两者断面形貌有明显差异。未掺加冰醋酸的 MAPC 硬化体由块状的水化产物晶体互相搭接和交错在一起,形成网状结构。掺加冰醋酸的 MAPC 硬化体中,针状的水化产物醋酸镁晶体穿插在块状晶体之间,互相搭接和交错,形成致密结构。同时,掺加冰醋酸的 MAPC 硬化体中,水化产物的晶粒明显变小,结构更加致密。

（a） （b）

图 3-8 MAPC 硬化体的 SEM 图

（a）未掺加冰醋酸 （b）掺加冰醋酸

Figure 3-8 SEM diagram of hardened MAPC

（a）Without glacial acetic acid （b）With glacial acetic acid

3.4.2 MAPC 的反应机理

（1）水化初期

MAPC 水化体系的水化反应过程如图 3-9 所示。从图 3-9（a）可以看出，MAPC 与水混合后，易溶的 $NH_4H_2PO_4$ 在水中快速溶解，形成酸性的 $NH_4H_2PO_4$ 饱和溶液。在酸性的 $NH_4H_2PO_4$ 饱和溶液中，重烧 MgO 逐渐溶解，同时电离出水合镁离子 $[Mg(H_2O)_6]^{2+}$，再和溶液中的 NH_4^+、PO_4^{3-} 结合，生成镁—磷酸铵盐水化凝胶，此凝胶属于无定形凝胶。其中 $MgNH_4PO_4 \cdot 6H_2O$（俗称鸟粪石）是主要的水化产物。随着水化产物生成量的增大，$MgNH_4PO_4 \cdot 6H_2O$ 逐渐沉淀。

（2）水化中期

如图 3-9（b）所示，随着水化反应过程的进行，释放的大量的水化热被逐步消耗，同时 MAPC 浆体中的水不断蒸发，形成立体网络结构的凝胶水化物，标志着 MAPC 浆体初凝。再加上大量水化热被释放，导致 MAPC 水化体系凝结时的温度超过 35 ℃，这种高温提供了足够的活化能让凝结后的 MAPC 体系中的酸碱中和反应继续进行。此外，反应离子的扩散释放的热量，迅速提高了 MAPC 水化体系的温度。MAPC 砂浆逐渐硬化，体系中所含的水分逐渐减少。水化产物除了 $MgNH_4PO_4 \cdot 6H_2O$ 外，还有一部分结晶水比较少的水化物。

（3）水化终期

如图 3-9（c）所示，随着水化产物的不断增多，MgO 颗粒周围分布着大量的水化产物，并形成一层水化物膜。此膜阻止了 Mg^{2+} 在溶液中的溶解，阻碍了 MAPC 体系的水化进程，使水化热减少。等到 $NH_4H_2PO_4$ 全部反应完时，MAPC 的水化进程结束。水化产物互相搭结、互相连接,以 MgO 颗粒为内核形成网络结构,MAPC 浆体凝结硬化,形成具有较高强度的磷酸镁水泥。

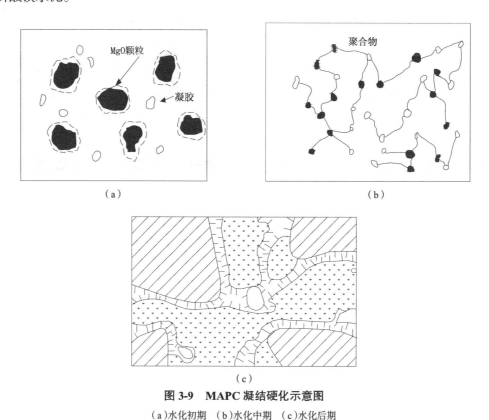

图 3-9 MAPC 凝结硬化示意图

(a)水化初期 (b)水化中期 (c)水化后期

Figure 3-9 Schematic diagram of hardening and setting of MAPC

(a)Early stage of hydration (b)Middle stage of hydration (c)Later period of hydration

3.4.3 冰醋酸的缓凝机理

冰醋酸作为有机酸,其结构中的络合物形成基(即羧基—COOH)对 MAPC 的缓凝起到了主要作用。MAPC 原材料加入水后, $NH_4H_2PO_4$ 在水中快速溶解,形成酸性的 $NH_4H_2PO_4$ 饱和水溶液。 Mg^{2+} 为正二价离子,配位数为 4,属于弱结合体,在 $NH_4H_2PO_4$ 酸性溶液中只能形成不稳定的络合物(图 3-10)。此络合物大大影响了液相中的 Mg^{2+} 浓度,从而推迟水化反应的进行,产生缓凝作用。水化反应继续缓慢进行,形成的络合物自行分解后,MAPC 以正常的速度继续进行水化反应。冰醋酸和 Mg^{2+} 反应的产物以醋酸镁的形式存在于 MAPC 内部。另外,羧基与水分子以氢键的形式结合,在 MAPC 颗粒周围形成一层稳定的似水膜。此似水膜也会影响 MAPC 颗粒之间的连接,从而阻碍水化进程。

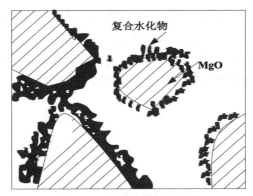

图 3-10　冰醋酸缓凝示意图

Figure 3-10　Schematic diagram of glacial acetic acid retarding

3.4.4　冰醋酸浓度选择分析

在 MAPC 水化体系的水化反应过程中,冰醋酸虽然与 Mg^{2+} 反应生成了醋酸镁,但数量毕竟有限,因此 MAPC 的水化产物还是以鸟粪石为主。当冰醋酸浓度很低时,生成的不稳定络合物的含量也低,加上水化反应之初形成的水化产物晶粒细小,水泥颗粒可以自由移动,因此 MAPC 浆体具有较大的可塑性。当水化产物足够多时,晶体多以絮状、针状形式存在,彼此相互交叉联结,形成网状结构,于是 MAPC 浆体开始凝结。倘若冰醋酸浓度较高,形成的不稳定络合物也足够多(但与 MAPC 的水化产物相比,数量还是少的),使得 MAPC 浆体的凝结速度稍快。但冰醋酸浓度过高,提供的氢离子也多,会加速 MAPC 的水化进程,使水化产物晶体的生成速度过快,导致晶体结晶差、缺陷多、稳定性差,使 MAPC 硬化体中出现较多的裂缝。这样 MAPC 的抗压强度会呈现早期快速增长后出现倒缩的态势。因此,合适浓度的冰醋酸是决定 MAPC 凝结时间的关键,同时还要注意冰醋酸对 MAPC 强度、安定性的影响。经过上述研究,冰醋酸的适宜浓度为 3% 左右。

3.5　本章小结

本章以硼砂对 MAPC 水化体系的缓凝机理为基础,提出复掺酸性外加剂控制 MAPC 水化体系的凝结时间和早期水化反应速度的技术路线。通过测定掺加不同含量复合缓凝剂的 MAPC 的凝结时间、抗压强度、水化热温度,借助于 XRD、SEM 分析了复合缓凝剂的作用机理。具体内容可归纳如下。

1)冰醋酸的掺加影响了 MAPC 涂料的凝结时间和流动性。冰醋酸的掺加延缓了 MAPC 水泥浆体的凝结时间,具有优越的缓凝特性。掺有冰醋酸的水泥浆体流动性增大,工作性能提高,因此冰醋酸可以作为 MAPC 的缓凝剂使用,且效果明显。

2)冰醋酸的掺加影响了 MAPC 浆体的强度。掺加的冰醋酸浓度为 3% 时,MAPC 的抗压强度最高。由于官能团的作用,冰醋酸对 MAPC 的早期强度贡献率最大。

3)冰醋酸的掺加可以调节 MAPC 水化体系的初始温度和 pH 值,延长 MAPC 体系的凝结时间。与只含硼砂的 MAPC 浆体的水化放热的特点明显不同,MAPC 水化放热时存在两个放热峰和一个休止期,水化体系的最高温度明显降低,水化放热量减少的幅度较大。

4 MAPC 基涂料耐水性能的调控

我国地域环境复杂,气候变化剧烈。盐类侵蚀造成的混凝土性能劣化相当严重,威胁着我国西部以及沿海、近海地区的大量混凝土结构的安全。在混凝土的各种盐类侵蚀中,硫酸盐侵蚀最为普遍。由于硅酸盐水泥的固有特性,硅酸盐水泥混凝土结构自身并不能满足在盐湖、重盐渍土区等严酷环境中使用的要求,需要采取一定的防腐措施提高其耐久性。目前常用的几种混凝土结构防腐技术中,涂层防护技术是最为经济、效果最为明显的措施之一。涂层可有效阻止腐蚀介质渗入混凝土内部,保护混凝土,使钢筋免受腐蚀,从而提高混凝土的耐久性。但是没有哪一种涂料是万能的,每种材料都有它们各自的适用范围。随着现代科技的发展,人们对建筑物的使用寿命的要求越来越高;同时,为了解决日益严峻的环境问题,所有材料都必将向环保型的方向发展。因此急需新的、长寿命的甚至是永久性(此处指与建筑物同寿命)的绿色环保涂料来解决这些问题。

现有研究表明,MAPC 具有结构密实、高早强、高体积稳定性、黏结性强、附着性好等特点,可以作为无机涂料使用。但是,目前将 MAPC 用作无机涂料的应用很少。MAPC 作为胶结材料有着优越的性能,但其耐水性能不足,在潮湿环境中,水泥中的可溶性磷酸盐易溶出,导致内部结构疏松,强度下降很快。此外,还存在磷酸铵镁(鸟粪石)相转变引起 MAPC 结构变化的可能性。这些都极大地限制了 MAPC 在工程上的应用。盖蔚等研究了添加剂对 MAPC 黏结剂耐水性的影响,发现加入适量的硅溶胶、纤维素后,MAPC 基体的密实度增大,耐水性得到大幅度提升。此外,掺加这些添加剂没有形成新的水化产物,说明添加剂的掺加不会改变 MAPC 的水化产物。

然而,目前针对 MAPC 耐水性方面的研究仍很欠缺,耐水性的改善仍存在较大问题。MAPC 耐水性差的特点也极大地限制了 MAPC 基涂料的推广和使用。因此,研究水环境中 MAPC 涂料的结构和物质组成的变化,制备出不老化、稳定性好、耐水性强的 MAPC 基无机涂层,对混凝土结构防护技术的提升以及 MAPC 基材料的开发与应用等具有重要意义。

本章在 MAPC 试块耐水性研究成果的基础上,结合涂料的性能,制备出 MAPC 涂料,解决了 MAPC 涂料耐水差的问题,为 MAPC 涂料的推广和耐久性研究提供坚实的基础。

4.1 试验材料及配制工艺

4.1.1 原材料

1)硅酸盐水泥:本研究使用的硅酸盐水泥的型号为 P.I 42.5R,由徐州市龙山水泥有限公司生产,其物理性能和化学组成分别见表 4-1、表 4-2。

表 4-1　普通硅酸盐水泥的物理性能

Table 4-1　Physical properties of ordinary portland cement

凝结时间（min）		安定性	抗折强度（MPa）		抗压强度（MPa）		比表面积（m²/kg）	密度（g/cm³）
初凝	终凝		3 d	28 d	3 d	28 d		
168	280	合格	6.5	8.9	28.1	52.2	386	3.2

表 4-2　普通硅酸盐水泥的化学组成（%）

Table 4-2　Chemical composition of ordinary portland cement（%）

SiO_2	SO_3	Fe_2O_3	Al_2O_3	CaO	MgO	Loss
22.30	3.58	3.16	5.05	64.78	0.92	0.21

2）氧化镁粉（MgO）：本研究使用的重烧氧化镁粉（MgO）由电工级镁砂经球磨机研磨得到，比表面积为 286 m²/kg，粒度分布见图 4-1。

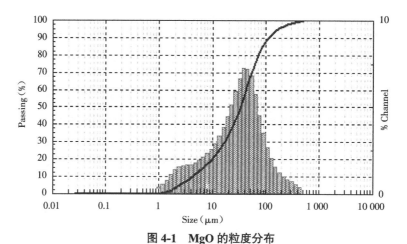

图 4-1　MgO 的粒度分布

Figure 4-1　Size distribution of MgO

3）工业级磷酸一铵（$NH_4H_2PO_4$）：粒度为 40~60 目，白色晶体。

4）砂：根据《建筑用砂》（GB/T 14684—2011）的标准选择徐州本地产河砂（中砂）。所选用砂的技术指标和级配分别见表 4-3 和表 4-4。

表 4-3　砂的技术指标

Table 4-3　Technical indicators of sand

细度模数	粒径（mm）	堆积密度（kg/m³）	表观密度（kg/m³）
2.5	<5	1 430	2 650

表 4-4　砂的级配
Table 4-4　Sand grade

筛子孔径（mm）	4.75	2.36	1.18	0.6	0.3	0.15	<0.15
分计筛余百分率（%）	0.68	5.32	14.20	30.47	35.26	12.38	1.55
累计筛余（%）	0.68	6.00	20.20	50.67	85.93	98.31	99.86

5）水：徐州地区普通自来水。

6）复合缓凝剂：由试验室自制，以 B 表示。

7）NaCl：在 MAPC 试块耐水性研究成果的基础上，为改善 MAPC 涂料的耐水性能，作者选用 NaCl 晶体作为添加剂。

4.1.2　配合比

1）硅酸盐水泥：42.5 级普通硅酸盐水泥；细集料：细砂；水：自来水；水灰比：0.5。

2）MAPC 涂料由 MgO、NH$_4$H$_2$PO$_4$、复合缓凝剂按一定比例在试验室配制得到（表4-5），其中液胶比（m_L/m_{MAPC}）为 0.12，复合缓凝剂 B 的掺量为 MgO 质量的 5%，添加剂 NaCl 晶体的掺量分别为 MgO 质量的 0%、3%、5%、7%。

表 4-5　MAPC 涂料配合比
Table 4-5　Mix ratio of MAPC coating

m_{MgO}	m_{MgO}/m_P	m_B/m_{MgO}	Water-to-MAPC ratio
1	4	0.05	0.12

4.1.3　试件制作

参照上述硅酸盐水泥配合比制作水泥胶砂涂层试件，试件尺寸为 40 mm × 40 mm × 160 mm。试件成型后放在室内环境（（20 ± 5）℃）中 24 h，编号后拆模。将拆模后的试件放至温度为（20 ± 5）℃、相对湿度为 90% 的环境中养护 28 d。

4.1.4　涂料配制与施工

本试验制备 MAPC 涂料的基本操作步骤如下。

1）液料制备：取一定比例冰醋酸溶液和水混合，将混合液倒入容器里面依次进行砂磨、分散以及搅拌等，其中搅拌速率控制在 500 r/min。完成上述步骤后的混合溶液留作备用。

2）粉料制备：根据表 4-5 中的比例取硼砂、氧化镁、磷酸一铵，然后依次进行砂磨、分散以及搅拌等，其中搅拌速率控制为 2 000 r/min，完成上述步骤后的混合物质作为粉料备用。

3)液料、粉料混合:将1)中制作好的液料以缓慢速度倒入2)中制作好的粉料里面,依次进行砂磨、分散以及搅拌等,其中搅拌速率控制在800~1 000 r/min。整个搅拌过程持续5~7 min。当整个混合体系里面未出现明显大颗粒物质后予以静置,以便排除体系里面的气体。

4)涂膜:本步骤分成3次进行,每进行一次涂抹需要确保涂层完全烘干后方能进行下一次涂抹。一般2次涂抹之间的时间控制在0.5~1 d,整个涂覆厚度需要控制在1.3~1.7 mm。

5)养护:整个养护时间持续1 d,此外需控制相对湿度为70%~90%,温度为15~25 ℃。完成养护过程后进行脱模。将完成脱模的样品反面向上,放置于干燥箱里面进行烘烤,干燥温度需要控制在38~42 ℃。完成干燥过程后,将样品放置于室内自然冷却。

基材必须粗糙、干净、充分湿润至饱和(但无明水)。施工时应严格控制水灰比,混合搅拌均匀,拌合水必须清洁。需涂刷两遍,每遍用量为0.8~1.2 kg/m²。待第一遍涂料初凝后,方可涂刷第二遍。

涂料均采用毛刷涂刷,试件六面全部涂刷。涂料的使用量根据待涂刷试件的表面积来确定,在涂刷时需要将涂料均匀地涂抹在试件表面,两道涂层涂刷的时间间隔为24 h。试件用MAPC涂料涂刷完毕后,放入标准养护室养护至28 d龄期,其中改善耐水性长方体试件完全浸泡于蒸馏水中。具体的MAPC涂层水泥胶砂试件制作计划如表4-6所示。

表4-6　MAPC涂层水泥胶砂试件制作计划
Table 4-6　Making plan of MAPC coated cement mortar specimens

试件规格	涂层类别	涂刷次数	试件数量
40 mm×40 mm×160 mm	不含NaCl的MAPC涂层	2	21
	含3%NaCl的MAPC涂层	2	12
	含5%NaCl的MAPC涂层	2	12
	含7%NaCl的MAPC涂层	2	12

4.1.5　试验方案设计

不含NaCl的MAPC涂层混凝土试件一部分用于测定MAPC涂层的硬度、附着力和耐水性,另一部分用于耐水性改善试验。

4.2 试验内容及方法

4.2.1 涂料硬度

所谓硬度,是指涂层抵抗外来荷载作用破坏的能力。材料的硬度测定一般有摆杆阻尼试验和铅笔测定两种方法,本研究采用铅笔测定法对涂层的硬度进行测定。铅笔测定法,即使用已具有硬度标号的系列铅笔刮划涂层,以铅笔的硬度标号相对地表示涂层硬度的一种方法。

（1）仪器设备

1）铅笔硬度试验仪如图 4-2 所示。

图 4-2 铅笔硬度试验仪
Figure 4-2 Pencil hardness tester

2）中华牌高级绘图铅笔一套,硬度标准总共涉及 17 个级别,其中 9H 和 6B 分别为硬度最高和最低的级别。

3）水泥胶砂试板:使用 4.1 节浇筑成型的水泥胶砂试件。

4）高级绘图橡皮、600# 砂纸、工具刀。

（2）检验步骤

1）准备铅笔:借助工具刀对铅笔进行切削,将笔杆木质部分去除,使笔芯部分裸露出来,并尽可能保持其圆柱形状。接着将砂纸放置于平面上,以垂直于砂纸的角度研磨铅笔芯,直至笔芯尖端部分被磨成平面。

2）将水泥胶砂试板水平放置并固定在试验仪的平台上,试板的涂层面向上。

3）让铅笔芯的尖端接触到涂层面,借助于试验仪的垂直线保持垂直。将铅笔固定在铅笔夹具上。

4）使用平衡重锤对铅笔进行调节,以确保铅笔载荷处于平衡位置。将固定螺丝拧紧,待铅笔脱离涂层表面后再将连杆固定。将质量约为 3 kg 的重物放置在试验台上,松开固定螺丝并将笔芯尖端位置同涂层进行接触,让载荷加载于笔芯尖端位置。

5）以一定的速度摇动手轮,使得试板朝着铅笔反方向以 0.5 mm/s 速度进行移动,移动距离大约为 3 mm。铅笔芯划破涂层后,试板朝着与移动方向垂直的方向移动并进行划道。划道数量为 5 个。每完成一道划痕后需要对铅笔尖端进行打磨,打磨平整后方能继续使用。

6）涂层被擦伤的判断标准:如果进行划痕试验的过程中 5 道划痕里面有超过 1 道以上未被完全划破,则需要更换更高级别硬度的铅笔进行试验,直到满足要求的划痕数量为 2 个或者 2 个以上,此时所试验的铅笔硬度予以保留。

擦伤是指在涂层表面出现微小的刮痕(压力使涂膜凹下去的现象除外)。对着垂直于刮划的方向,与混凝土试板的面成 45° 角进行目视检查,能辨别的伤则认为是擦伤。如果混凝土试板的涂层无伤痕,则可以用橡皮擦除去铅笔印。

4.2.2　涂料附着力

涂层附着力由两部分组成:涂层与基材表面的附着力、涂层本身的内聚力。涂层与基材表面高强度的附着力和涂层本身坚韧致密的结构共同作用,才能更好地阻止外界腐蚀源对基材的腐蚀,从而达到保护材料的目的。如果涂层不能牢固地附着于基材表面,那么质量再好的涂层也起不到保护作用。如果涂层本身的内聚力不好,涂层则容易开裂脱落,失去作用。测量涂料附着力的方法有多种,其中最简单易行的是划格法。

（1）仪器设备

1）水泥胶砂试板:使用 4.1 节浇筑成型的水泥胶砂试件。

2）四倍放大镜。

3）漆刷:漆的宽度为 25~35 mm。

4）刀片。

（2）检验步骤

1）借助刀片进行画格,网格大小为 1 mm × 1 mm,数量为 10 × 10 个。需要确保每个划痕的深度都达到涂层最底部。

2）为了清除测试区域里面的碎片,需要用毛刷将测试区域清理干净。

3）选择 3M 胶带,用其贴住小网格并借助橡皮擦增加贴合程度。

4）用手抓住胶带一端,沿垂直方向(90°)迅速扯下胶纸。在同一位置进行 2 次相同的测试。

4.2.3　涂料耐水性

用去离子水或者蒸馏水对试板进行浸泡,浸泡时间应满足测试要求。通过观察涂层表面状态来判断其耐水性能。通常耐水试验涉及两种方式,即浸沸水和浸水。本试验采用浸水试验法。

（1）材料和试剂

1）水泥胶砂试板:使用 4.1 节浇筑成型的水泥胶砂试件。

2）玻璃水槽。

3）蒸馏水:符合 GB/T 6682—2008 中三级水规定的要求。

（2）检验步骤

1）选取一定量涂料用于制作涂层,完成后对涂层进行干燥以及状态调节。随后对混合物进行封边,宽度为 2~3 mm,封边所使用的材料由石蜡与松香按 1∶1 的比例混合制备而成。

2）将蒸馏水倒入水槽里面并控制温度为 21~23 ℃。将试板放置于水槽里面,同时确保试板长度的 2/3 部分浸泡在水里面。

3）浸泡一定时间以后,取出水槽内的试板并借助滤纸将其表面水吸干;同时立刻对其涂层表面状态进行调整,对表面状态（诸如脱落、失光、起皱、变色以及起泡等）进行确认和记录。

4.2.4　改善耐水性试验

（1）浸水试验

首先,根据《水泥胶砂强度检验方法（ISO 法）》（GB/T 17671—1999）制备 5 个混凝土基板,并用以特定比例配制的水泥涂料涂覆在试板表面,确保涂层厚度约为 1.5 mm,借助刮刀对涂料表面平整度进行修复。在标准养护条件下对试板涂层进行养护,养护时间为 4 d。完成上述步骤后,将试板翻面,于 38~42 ℃下干燥 2 d。完成干燥过程后,将试板在标准条件下静置 4 h。完成上述步骤后,便可开始实施浸水试验。将这些试板放置在装有蒸馏水的器皿里面,浸泡不同时间后分别取出,用滤纸将试板表面水分擦干,对比擦拭前后试板的质量变化以及涂层厚度变化,计算吸水率。

（2）拉伸试验

将试验机夹具之间的距离调整到 70 mm 左右,记录下试件发生断裂时的标线间距以及荷载。结合测试规范,画平行标线,标线间距为 25 mm,选取两端以及中间标线三个点位置用厚度计测量厚度,取三者平均值作为试板涂层厚度。将试板夹在试验机上,使试板长度方向的中线与试验机夹具中心线重合。根据表 4-7 中的拉伸速度进行拉伸断裂测试,记录试板断裂时的最大荷载（P）,断裂时标线间距（L_1,精确到 0.1 mm）,共测试 5 个试板,若有试板断裂在标线外,应舍弃,用备用件补测。

表 4-7　拉伸速度
Table 4-7　Stretching speed

产品类型	拉伸速度（mm/min）
高延伸率涂料	500
低延伸率涂料	200

（3）微观分析

浸泡结束后对 MAPC 涂层水泥胶砂试件取样,对 MAPC 涂层进行 SEM、XRD 分析,对比研究 MAPC 涂层在水环境中腐蚀前后的结构和产物变化,进一步分析对硅酸盐水泥混凝土耐水性能的影响。

4.3　涂料基本性能评价

4.3.1　硬度

涂料的硬度是用户和生产厂家比较关心的性能之一。硬度反映的是一种材料抵抗另外一种材料的压陷、刮擦、刻画和渗透的能力。由于人们对涂料硬度有不同的认识和理解,因此涂料硬度的测量方法多种多样,再加上涂料种类的多样性,导致各种涂料硬度的判别方法相当混乱。即使是同一种材料,用不同的测试方法得到的硬度数据也不一样,彼此之间也没有确切的互换标准。

在本节中,主要根据《漆膜硬度测定法:摆杆阻尼试验》(GB/ T 1730—2007)对涂料的硬度进行测定,即当涂层被划破数量超过 1 个以上,记录未满两道划痕铅笔硬度级别。

经测定 MAPC 涂层硬度为 5H。

4.3.2　附着力

附着力指的是两种由不同物质组成的材料之间相互接触时所具有的吸引力,换言之,即分子之间的作用力。而涂料的附着力一般指涂料与被附着物体表面之间的结合力。此作用力是被附着物体表面某些基团与涂料的某些基团呈现出的作用力。如果被附着物体表面存在水或者异物,那么在固化过程中会导致涂料的极性基团数量大幅度下降,进而导致涂料附着力减弱。

附着力也是涂料重要的物理性能之一。涂料的牢固附着是实现涂料对基体材料保护作用的重要前提。因此,附着力的测定受到涂装行业的广泛关注。

对涂料附着力进行测试的方法一般有划圈法以及划格法等。本节对涂料附着力进行测定所使用的方法为划格法。

参考标准《色漆和清漆漆膜的划格试验》(GB/T 9286—1998),对试板涂层附着力进行测定。

标准中的附着力有以下等级:

5B——划线边缘光滑,划线边缘及交叉点处均无油漆脱落;

4B——划线交叉点位置附近存在一定程度油漆脱落,但是整体油漆脱落面积比例低于5%;

3B——划线交叉点位置存在油漆脱落情况且其脱落面积比例为5%~15%;

2B——划线交叉点位置存在油漆脱落情况且其脱落面积比例为15%~35%;

1B——划线交叉点位置存在油漆脱落情况且其脱落面积比例为35%~65%;

0B——划线交叉点位置存在油漆脱落情况且其脱落面积比例超过65%。

标准要求,附着力大于或等于4B时为合格。经判断,MAPC涂层的附着力为4B。

4.3.3 耐水性

所谓耐水性通常指的是涂层对水所呈现的抵抗能力。对于一个已经完全固化的涂层而言,与水接触后不会出现涂层脱落、发白、膨胀或者起泡等情况,同时涂层的状态和接触水之前保持一致,则说明此涂层具备较好的耐水性能。对于一个涂层而言,其自身耐水性将直接影响其在基材上的附着力。

水对于涂层所产生的影响通常表现为漆膜起泡、发白以及失光等情况。而涂层自身耐水性从原理上来看和涂料自身所含的添加剂、极性基团以及水溶性盐等有密切关联。此外,涂膜固化以及涂布方式等与涂层的耐水性也有较大关联。

当试板在水中进行浸泡一段时间以后,涂层发生漆膜脱落、起泡以及起皱等情况,则说明MAPC涂层耐水性能较差。

4.4 改善耐水性效果评价

4.4.1 涂层拉伸强度

不同NaCl掺量对改性涂料拉伸强度的影响如图4-3所示。从图4-3可以看出,未掺加NaCl的MAPC涂料,随着浸泡时间的延长,拉伸强度变化较大:刚开始浸泡时,MAPC涂料的拉伸强度为2.8 MPa;浸泡7 d时,MAPC涂料的拉伸强度为1.2 MPa,下降幅度很大;浸泡14 d时,MAPC涂料的拉伸强度已经为0,说明MAPC涂层完全失去拉伸强度。拉伸强度的变化说明MAPC涂料的耐水性很差,当试件在水中浸泡14 d时,涂料已经失去作用。经观察,试件表面的MAPC涂料已经脱落。

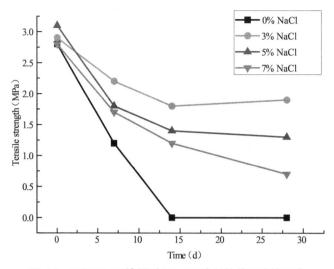

图 4-3　不同 NaCl 掺量对 MAPC 涂料拉伸强度的影响
Figure 4-3　Influence of different NaCl proportions on tensile strength of MAPC coating

从图 4-3 可以看出，NaCl 掺量为 3% 的 MAPC 涂料，随着浸泡时间的延长，拉伸强度先下降后趋于稳定。刚开始浸泡时，MAPC 涂料的拉伸强度为 2.9 MPa；浸泡 7 d 时，MAPC 涂料的拉伸强度为 2.2 MPa，下降幅度较小；浸泡 14 d 时，MAPC 涂料的拉伸强度为 1.8 MPa。此后，随着时间延长，MAPC 涂料的拉伸强度稳定在 1.9 MPa。拉伸强度的变化说明 3% 的 NaCl 掺量提高了 MAPC 涂层的耐水性。当 NaCl 掺量为 5%、7% 时，MAPC 涂料的拉伸强度的变化趋势基本一致，都呈现先下降后稳定的趋势。

从 7 d、14 d、28 d 的拉伸强度可以看出：当 NaCl 掺量大于或等于 3% 时，随着 NaCl 掺量的继续增加，MAPC 涂料的拉伸强度逐渐降低。浸泡 7 d 时，NaCl 掺量为 3% 时 MAPC 涂料的拉伸强度为 2.2 MPa；NaCl 掺量为 7% 时 MAPC 涂料的拉伸强度为 1.7 MPa，与 NaCl 掺量为 3% 的 MAPC 涂层相比，拉伸强度下降幅度为 23%。浸泡 14 d 时，NaCl 掺量为 3% 时 MAPC 涂料的拉伸强度为 1.8 MPa；掺量为 7% 时 MAPC 涂料的拉伸强度为 1.2 MPa，与 NaCl 掺量为 3% 的 MAPC 涂层相比，拉伸强度下降幅度为 33%。NaCl 掺量为 3% 时 MAPC 涂料的 7 d、14 d、28 d 拉伸强度均最大。此结果说明，NaCl 掺量对 MAPC 涂层的拉伸强度的影响较大，最佳的 NaCl 掺量为 3%。

4.4.2　涂层质量吸水率

不同 NaCl 掺量的 MAPC 涂料的质量吸水率随浸泡时间的变化结果如图 4-4 所示。从图 4-4 可以看出，随着浸泡时间的延长，不含 NaCl 的 MAPC 涂料的质量吸水率始终增加，且远大于含 NaCl 的 MAPC 涂料的质量吸水率。含 NaCl 的 MAPC 涂料的质量吸水率呈现先快速增加后保持稳定的变化趋势：浸泡 7 d 时，质量吸水率快速增加；7 d 之后，质量吸水率稳定在 11% 左右。

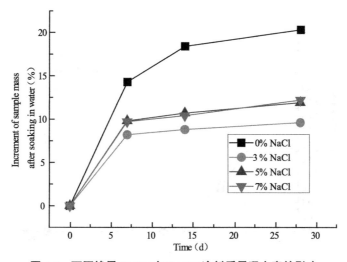

图 4-4 不同掺量 NaCl 对 MAPC 涂料质量吸水率的影响

Figure 4-4 Effect of different NaCl proportions on the water absorption of MAPC coatings

由图 4-4 可知, NaCl 掺量为 3% 的 MAPC 涂料的质量吸水率比 NaCl 掺量为 5% 和 7% 的 MAPC 涂料的质量吸水率都小。例如: NaCl 掺量为 3% 的 MAPC 涂料的 7 d 到 14 d 吸水率增量为 0.6%, 14 d 到 28 d 吸水率增量约为 0.8%; 而 NaCl 掺量为 5% 的 MAPC 涂料的 7 d 到 14 d 吸水率增量为 0.9%, 14 d 到 28 d 吸水率增量约为 1.2%。随着 NaCl 掺量的增加, MAPC 涂料的耐水性能逐渐降低, 由此可知 NaCl 掺量为 3% 的 MAPC 涂料的耐水性能最好。

4.4.3 涂层厚度

经水浸泡后 MAPC 涂层厚度的变化可以很好地反映涂料的耐水性能。在水中浸泡的时间越长, 涂层厚度的变化越小, 则说明涂料的耐水性能良好; 反之, 则说明涂料的耐水性能较差。

不同 NaCl 掺量的 MAPC 涂料的涂层厚度随水浸泡时间变化的结果如图 4-5 所示。从图 4-5 可以看出, 未掺加 NaCl 的 MAPC 涂料, 随着浸泡时间的延长, 涂层厚度变化较大: 刚开始浸泡时, 涂层厚度为 1.7 mm, 浸泡 7 d 时的涂层厚度为 0.6 mm, 下降幅度很大; 浸泡 14 d 时涂层厚度已经为 0, 说明 MAPC 涂层完全脱落。涂层厚度的变化趋势说明 MAPC 涂料的耐水能力很差, 当试件在水中浸泡 14 d 时, 涂料已经失去作用。经观察, 试件表面的 MAPC 涂料已经脱落。

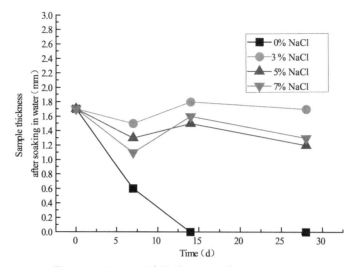

图 4-5　不同 NaCl 掺量对 MAPC 涂层厚度的影响

Figure 4-5　Effect of different NaCl proportions on the thickness of MAPC coatings

从图 4-5 可以看出,掺加 NaCl 的 MAPC 涂料的涂层厚度随水浸泡时间的延长而上下浮动,NaCl 掺量为 3%、5%、7% 的 MAPC 涂料的涂层厚度变化趋势基本相同。不同的是,NaCl 掺量为 3% 时 MAPC 涂料的涂层厚度的 7 d、14 d、和 28 d 改变量均小于 NaCl 掺量为 5%、7% 时 MAPC 涂料的涂层厚度的改变量。由此可见,NaCl 掺量为 3% 的 MAPC 涂料的涂层厚度的变化较小。

4.5　机理分析

4.5.1　物相分析

将在水中浸泡 7 d 的未含 NaCl 以及 NaCl 掺量为 3% 的 MAPC 涂层试件取出,观察涂层表面的变化(图 4-6)。从图 4-6 可以看出,未含 NaCl 和含 NaCl 的 MAPC 涂层试件上都有白色晶体析出,其中未含 NaCl 的 MAPC 涂层析出晶体数量较多,含 NaCl 的 MAPC 涂层只有少量晶体析出;且未含 NaCl 的 MAPC 涂层已经部分脱落,而含 NaCl 的 MAPC 涂层保存完好。

对白色晶体取样并进行 XRF 分析,分析结果见表 4-8。由表 4-8 可以看出,磷(P)、镁(Mg)元素是 MAPC 涂层表面浸出物的主要元素。这两种元素主要来自未反应的 $NH_4H_2PO_4$ 晶体和过量的 MgO。而 MAPC 体系的主要水化产物鸟粪石($MgNH_4PO_4 \cdot 6H_2O$),水稳定性很差,易溶于水。这说明,当 MAPC 涂层浸泡在水中时,水会从磷酸盐水泥涂层表面渗入,在渗透水的作用下,未反应的磷酸盐从体系中析出,导致涂层体系内部留下大量孔隙,造成涂层疏松、开裂,直至脱落。

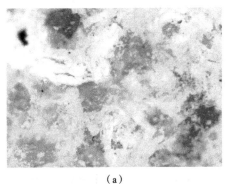

（a）

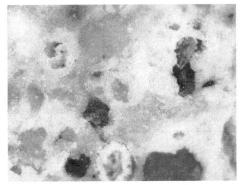

（b）

图 4-6　水浸泡条件下不用 NaCl 含量的 MAPC 涂层的微观样貌

（a）未掺加 NaCl　（b）掺加 3% NaCl

Figure 4-6　Microcosmic appearance of MAPC coating with different concentrations of NaCl after soaking in water

（a）No NaCl added　（b）3% NaCl added

表 4-8　MAPC 涂层表面浸出物质的 XRF 分析

Table 4-8　XRF analysis of dissolved matter of MAPC coating　　　　（%）

P_2O_5	MgO	Cl	CaO	SiO_2	Al_2O_3	SO_3
62.32	29.76	3.18	2.48	1.56	0.57	0.13

　　将在水中浸泡 7 d 的未含 NaCl 和 NaCl 掺量为 3% 的 MAPC 涂层试件取出，待晾干后，用工具将涂层刮去，收集一定质量的涂层粉末，烘干、研磨、过筛，然后利用 XRD 分析涂层的物质组成。

　　图 4-7 为在水中浸泡 7 d 的 MAPC 涂层的 XRD 图谱。其中，图 4-7（a）和图 4-7（b）分别为未掺加 NaCl、NaCl 掺量为 3% 的 MAPC 涂层的 XRD 图谱。由图 4-7 可知，未掺加 NaCl、NaCl 掺量为 3% 的两种 MAPC 涂层的 XRD 图谱中 MgO 的衍射峰都很强，说明存在未水化的 MgO。图 4-7（a）图谱中主要以 MgO、$MgNH_4PO_4 \cdot 6H_2O$ 的衍射峰为主，说明 MAPC 涂层的成分以 $MgNH_4PO_4 \cdot 6H_2O$（鸟粪石）为主。鸟粪石是 MAPC 的主要水化产物，

是一种凝胶,对涂层黏性起主要作用。图 4-7(b)图谱中除了 MgO、$NH_4H_2PO_4$ 的衍射峰外,还有新生成物 $NaMg_3(OH)_2(CO_3)_2Cl \cdot 6H_2O$ 的衍射峰,说明掺加 NaCl 的 MAPC 涂层在水中形成了新的络合物 $NaMg_3(OH)_2(CO_3)_2Cl \cdot 6H_2O$。这种络合物能在水中稳定存在,对涂层在水中的稳定起主要作用。

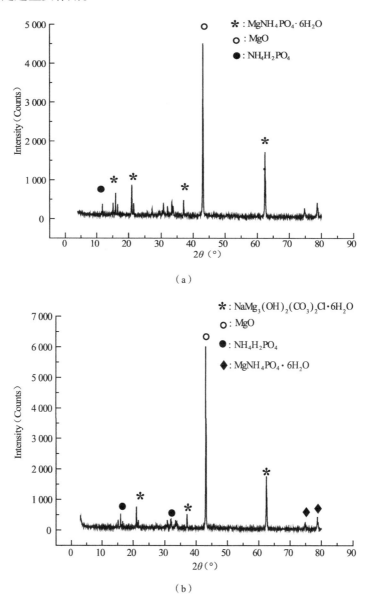

（a）

（b）

图 4-7　在水中浸泡 7 d 的 MAPC 涂层的 XRD 图谱

（a）未掺加 NaCl　（b）掺加 3% NaCl

Figure 4-7　XRD patterns of MAPC coating after soaking in water for 7 d

（a）No NaCl added　（b）3% NaCl added

4.5.2　微观形貌分析

在水中浸泡 7 d 的 MAPC 涂层的微观形貌如图 4-8 所示。从图 4-8（a）可以看出,水中浸泡 7 d 时,未掺加 NaCl 的 MAPC 涂层存在大量的 $MgNH_4PO_4 \cdot 6H_2O$ 凝胶和少量未反应的 MgO。MAPC 水化产物与 MgO 颗粒之间的联结比较紧凑,孔隙率相对较大,结构致密度不高。水化产物以蠕虫状为主,杂乱无章地交织在一起,形成网状结构,包裹在混凝土基体的表面。大量的蠕虫状的水化产物相互交错,但有较大的缝隙和缺陷,耐水性能较差。从图 4-8（b）可以看出, NaCl 掺量为 3% 的 MAPC 涂层的水化产物互相搭接和交错,有效填充了 MAPC 涂层颗粒之间的空隙,提高了防护效果,减小了结构孔隙率,使 MAPC 涂层的致密度得到了改善。同时,水化产物 $NaMg_3(OH)_2(CO_3)_2Cl \cdot 6H_2O$ 的晶粒明显更小,使 MAPC 涂层的结构更加致密。此外, NaCl 的添加也加快了水化反应进程,增加了水化产物的数量,使 MAPC 涂层的结构更加致密,有效阻止了水分子的渗透,起到了一定的防水效果。

（a）　　　　　　　　　　　　　　　（b）

图 4-8　水中浸泡 7 d 的 MAPC 涂层的 SEM 图

（a）未掺加 NaCl　（b）掺加 3% NaCl

Figure 4-8　SEM diagrams of MAPC coating after soaking in water for 7 d

（a）No NaCl added　（b）3% NaCl added

4.6　本章小结

本章在 MAPC 材料基础配比的基础上,调整了 MAPC 涂料的配合比,制备了符合规范要求的 MAPC 涂料;然后考察了 MAPC 涂料的硬度、附着力和耐水性等基本性能;接着通过定性和定量分析,研究了掺加不同量 NACl 对 MAPC 涂层的拉伸强度、质量吸水率、涂层厚度的影响,并对 MAPC 涂层浸水前后的表层形貌、结构和构成进行了 XRD、SEM 分析,确定了 NACl 可以明显改善涂层的耐水性能,并对改善机理进行了分析。

本章的具体研究结果如下。

1）参照 MAPC 基材料的配比，按照无机涂料的技术要求，得到了氧化镁、磷酸一铵、复合缓凝剂的最佳配比，制备了 MAPC 涂料。

2）MAPC 涂料的硬度为 5H，附着力为 4B。在水中浸泡 7 d 后，MAPC 涂层起泡、脱落，说明 MAPC 涂层的耐水性差。MAPC 涂料的硬度和附着力符合涂料要求，但是耐水性差限制了涂料的使用范围。

3）掺加 NaCl 可以提高 MAPC 涂层的耐水性能。当 NaCl 掺量为 3% 时，MAPC 涂层的厚度、质量吸水率、拉伸强度等性能达到最优。在经受水环境侵蚀时，含有 NaCl 的 MAPC 涂层的耐水性能得到明显改善。

4）含有 NaCl 的 MAPC 涂层在水环境中性能稳定。氯离子参与水化反应形成新的络合物，使得 MAPC 涂层在水环境中结构更加致密，同时大幅度提高了 MAPC 涂层与混凝土的黏结强度，从而增强了 MAPC 涂层的耐水能力。

参考文献

[1] FRANTZIS P，BAGGOTT R. Effect of vibration on the rheological characteristics of magnesia phosphate and ordinary portland cement slurries[J]. Cement and Concrete Research，1996，26（3）：387-395.

[2] FRANTZIS P，BAGGOTT R. Rheological characteristics of retarded magnesia phosphate cement[J]. Cement and Concrete Research，1997，27（8）：1155-1166.

[3] IYENGER S R，AL-TABBAA A. Developmental study of a low-pH magnesium phosphate cement for environmental applications[J]. Environmental Technology，2007，28（12）：1387-1401.

[4] RÄSÄNEN V，PENTTALA V. The pH measurement of concrete and smoothing mortar using a concrete powder suspension[J]. Cement and Concrete Research，2004，34（5）：813-820.

[5] NEIMAN R，SARMA A C. Setting and thermal reactions of phosphate investment[J]. Journal of Dental Research，1980，59（9）：1478-1485.

[6] 日本化学会. 无机化合物合成手册（第 2 卷）[M]. 安家驹，陈之川，译. 北京：化学工业出版社，1986.

[7] HAO X D，WANG C C，LAN L，et al. Struvite formation，analytical methods and effects of pH and Ca^{2+}[J]. Water Science and Technology，2008，58（8）：1687-1692.

[8] OHLINGER K N，YOUNG T M，SCHROEDER E D. Predicting struvite formation in digestion[J]. Water Research，1998，32（12）：3607-3614.

[9] NELSON N O. Phosphorous removal from anaerobic swine lagoon effluent as struvite and it's use as a slow release fertilizer[D]. Raleigh：North Carolina State University，2000.

[10] WU C Y，CHEN W H. The hydration mechanism and performance of modified magnesium

oxysulfate cement by tartaric acid[J]. Construction and Building Materials, 2017, 144: 516-524.

[11] LI Y, BAI W L, SHI T F. A study of the bonding performance of magnesium phosphate cement on mortar and concrete[J]. Construction and Building Materials, 2017, 142: 459-468.

[12] MESTRES G, GINEBRA M. Novel magnesium phosphate cements with high early strength and antibacterial properties[J]. Acta Biomaterialia, 2011, 7(4): 1853-1861.

[13] MICHALOWSKI T, PIETRZYK A. A thermodynamic study of struvite + water system[J]. Talanta, 2006, 68(3): 594-601.

[14] 姜法义, 陈常明. 外加剂对镁水泥氯离子溶出率的影响 [J]. 武汉理工大学学报, 2010, 32 (18): 37-40.

[15] LI Y, LI Y Q, SHI T F, et al. Experimental study on mechanical properties and fracture toughness of magnesium phosphate cement[J]. Construction and Building Materials, 2015, 96: 346-352.

[16] LI Y, CHEN B. Factors that affect the properties of magnesium phosphate cement[J]. Construction and Building Materials, 2013, 47: 977-983.

[17] SOUDÉE E, PÉRA J. Influence of magnesia surface on the setting time of magnesia-phosphate cement[J]. Cement and Concrete Research, 2002, 32(1): 153-157.

[18] TAN Y S, YU H F, LI Y, et al. The effect of slag on the properties of magnesium potassium phosphate cement[J]. Construction and Building Materials, 2016, 126: 313-320.

[19] 冯春华, 陈苗苗, 李东旭. 磷酸镁水泥的水化体 [J]. 材料科学与工程学报, 2013, 31(6): 901-906.

[20] 盖蔚, 刘昌盛, 王晓艺. 复合添加剂对磷酸镁骨粘结剂性能的影响 [J]. 华东理工大学学报(自然科学版), 2002, 28(4): 393-396.

[21] MEHTA P K. Advanced cements in concrete technology[J]. Concrete International, 1999 (6): 69-76.

[22] WAGH A S. Chemically bonded phosphate ceramics[M]. Oxford: Elsevier Science Ltd., 2004: 142-152.

5 硫酸盐侵蚀环境中 MAPC 涂层黏结界面微观结构演化研究

MAPC 由于具有凝结快,强度高,与旧混凝土黏结强度高、外观颜色接近以及耐磨性好等诸多优点,被大量用于公路、桥梁、飞机跑道及地面等工程结构的快速修复。此外,MAPC 还可以用作混凝土结构的防护涂层。

国内外的研究表明:由于磷酸盐水泥基材料具有较大的水化热,其在负温下能保持较大的强度发展速率和较高的黏结强度;MAPC 材料的水灰比和胶砂比越小,则 MAPC 和硅酸盐水泥之间的黏结强度越高;掺加粉煤灰的 MAPC 试件的颜色和硅酸盐水泥相近,砂浆的流动度较硅酸盐水泥大,但在相同水灰比的条件下,掺加粉煤灰的 MAPC 试件的黏结强度下降幅度较大。修补后的混凝土结构在使用过程中经常会受到废酸、废碱等腐蚀性介质的侵蚀而发生破坏,从而造成整个混凝土结构的破坏。破坏位置通常发生在 MAPC 和硅酸盐水泥的黏结界面过渡区,这个区域是涂层混凝土结构中的薄弱环节。黏结界面过渡区的性能对材料的应用及耐久性有很大的影响,但是目前对黏结界面过渡区在侵蚀环境中的性能研究尚不充分,这大大制约了 MAPC 的推广和使用。因此,在侵蚀环境中,MAPC 与硅酸盐水泥的黏结界面过渡区的性能是急需研究的重要课题之一,该课题的研究成果将对改善水泥基复合材料的性能有很大的帮助。

为了研究 MAPC 涂层黏结界面的结构演化,本章将 MAPC 和硅酸盐水泥的黏结试件分别浸泡在 $Ca(OH)_2$、Na_2SO_4 溶液中,定期测试试件的黏结强度,观察长期浸泡后试件的断裂位置和断裂面,对不同浸泡时期试件的黏结界面过渡区进行光学显微镜和 SEM 分析,研究 MAPC 涂层黏结界面过渡区的结构演化,并与自然环境中界面过渡区的结构进行比对。同时,深究黏结界面过渡区演化的机理。由于工程应用时,硅酸盐水泥中的 $Ca(OH)_2$ 会影响 MAPC 的黏结性能,因此将 $Ca(OH)_2$ 溶液也作为 MAPC 的浸泡环境之一。

5.1 原材料与试验方法

5.1.1 原材料

硅酸盐水泥和 MAPC 的组成材料的基本性能同 4.1.1 节。

5.1.2 配合比

1）硅酸盐水泥：42.5 级普通硅酸盐水泥。细集料：细砂。水：自来水。水灰比：0.5。

2）重烧氧化镁粉（MgO）：MgO 含量超过 98%（质量分数），经过球磨机研磨得到。磷酸二氢铵（$NH_4H_2PO_4$）：工业级，$NH_4H_2PO_4$ 含量达 99%。复合缓凝剂：同第 3 章。

磷酸铵镁水泥（MAPC）由氧化镁粉、磷酸二氢铵、硼砂和酸溶液按一定比例在试验室配制得到。其中液胶比（m_L/m_{MAPC}）为 0.12，复合缓凝剂（B）掺量为氧化镁粉（MgO）质量的 5%，NaCl 掺量为 MgO 质量的 3%。配合比见表 5-1。

表 5-1　MAPC 配合比
Table 5-1　Mix ratio of MAPC

$m_{MgO}/m_{NH_4H_2PO_4}$	m_B/m_{MgO}	m_L/m_{MAPC}
4	5%	0.12

5.1.3 试件制备

硅酸盐水泥胶砂试件：采用 40 mm × 40 mm × 160 mm 的试件，浇筑完毕后放入自然环境室（温度为 20 ℃、相对湿度为 95%）中静置 1 d 脱模，随后养护至 28 d 龄期。

5.1.4 试验内容和方法

（1）界面强度

MAPC 材料与硅酸盐水泥之间的界面强度采用间接方法测定，用抗折强度来表示。首先测试养护至 28 d 龄期的硅酸盐水泥试件的抗折强度，将测试后的试件作为黏结试件；除去试件表面的浮浆并用钢丝刷沿正交方向打磨处理；然后将其中一半水泥试件放入 40 mm × 40 mm × 160 mm 模中，另一半浇筑 MAPC 砂浆（锯断面与 MAPC 砂浆结合），振捣后抹平，1 h 后拆模，放入自然环境室（温度为 20 ℃、相对湿度为 95%）中养护至 28 d 龄期。

（2）收缩测试

参照标准《水泥胶砂干缩试验方法》（JC/T 603—2004）对 MAPC 砂浆的体积变形进行测试。选择成型尺寸为 25 mm × 25 mm × 280 mm 的试件，浇筑水泥之前在试件两端预埋铜头，2 h 后脱模，放置于养护室中标准养护至规定龄期。使用 BC-300 型测长仪测量试件 3 h 龄期的长度，并作为初始长度，记作 L_0，然后分别测量试件龄期为 1 d、3 d、7 d、14 d、28 d 的长度，记作 L_i。测量前，应先用标准杆校正仪器的零点，并应在测定过程中至少再复核 2 次。如果复核时发现零点与初值的偏差超过 ± 0.001 mm，应调零后重新测量。按照式(5-1)计算试件在 i 龄期的体积收缩值,取 3 条试件结果的平均值作为最终值,测量结果精确至 0.001%。

$$\varepsilon_i = (L_i - L_0) / 250 \qquad\qquad (5\text{-}1)$$

（3）微观测试

将部分黏结试件放入自然环境室中继续养护,其他试件分别放入 10% 的 Na_2SO_4 溶液和 5% 的 $Ca(OH)_2$ 溶液中浸泡,测定试件 7 d、28 d、90 d、240 d、360 d 的抗折强度。在距离表层 10 mm 处劈开试件,对此处的黏结界面过渡区进行外观形貌检测,同时利用显微镜观测黏结界面过渡区遭受侵蚀后的微观形貌(图 5-1)。

图 5-1　MAPC 黏结试件

Figure 5-1　MAPC specimens

5.2　结果与讨论

5.2.1　收缩变形

不同环境中 MAPC 和硅酸盐水泥试件在不同阶段的收缩变形如图 5-2 所示。从图中可以看出,在自然环境中在和 $Ca(OH)_2$ 溶液中,MAPC 和硅酸盐水泥的收缩较小;而在 Na_2SO_4 溶液中,两者的收缩较大,这主要是因为两种水泥受到硫酸盐腐蚀。两种水泥在自然环境中和在 $Ca(OH)_2$ 溶液中的收缩变形随时间的发展趋势基本一致,即在 28 d 内的收缩变形变化较大,之后随着时间的延长,收缩变形的增长减缓。

5.2.2　不同环境中的界面强度

MAPC 材料与硅酸盐水泥之间的界面强度采用间接方法测定,用抗折强度来表示。硅酸盐水泥试件和黏结试件的抗折强度,如图 5-3 所示。

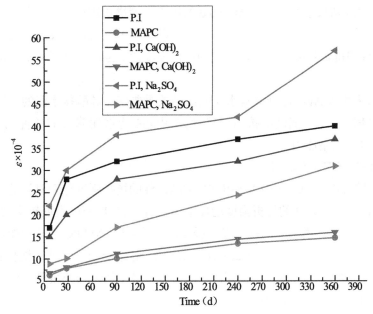

图 5-2 不同环境中试件的收缩变形

Figure 5-2 Shrinkage deformation of specimens under different environments

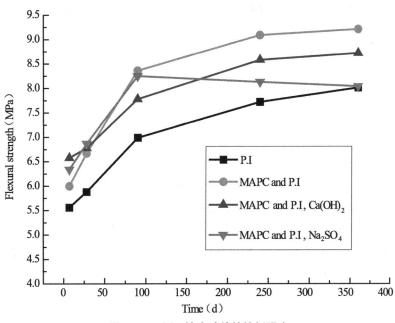

图 5-3 不同环境中试件的抗折强度

Figure 5-3 Flexural strength of specimens under different environments

（1）在自然环境中

由图 5-3 可知,在自然环境中,普通水泥和黏结试件的抗折强度一直处于增长状态，7 d

至 28 d 的抗折强度增长较快,240 d 至 360 d 的抗折强度增长缓慢。此过程说明在自然环境中,普通水泥和黏结试件的早期强度发展较快,后期强度虽有增长但发展缓慢。MAPC 和普通水泥黏结试件的抗折强度大于普通水泥的抗折强度,7 d 强度增加了 40%,360 d 强度增加了 15%。

结果表明,采用 MAPC 比硅酸盐水泥的黏结效果要好。硅酸盐水泥的后期强度虽有增长,但采用 MAPC 修补的试件的抗折强度比采用硅酸盐水泥修补的试件的强度高,说明 MAPC 有着较强的黏结能力。

（2）在 5% Ca(OH)$_2$ 溶液中

由图 5-3 可知,在 5% Ca(OH)$_2$ 溶液中,黏结试件的抗折强度随着时间的延长始终处于增长状态。试件 7 d 到 90 d 的抗折强度增加了 20%,说明早期强度发展较快;240 d 到 360 d 的强度增加了 2% 左右,说明后期强度发展缓慢。结果表明,MAPC 与硅酸盐水泥之间的黏结力受 Ca(OH)$_2$ 的影响较大。在 Ca(OH)$_2$ 溶液中,黏结能力始终处于增长状态,MAPC 和硅酸盐水泥之间黏结越来越牢固;随着时间的延长,黏结能力增长缓慢,MAPC 和硅酸盐水泥之间的黏结能力长期处于稳定状态。

（3）在 10% Na$_2$SO$_4$ 溶液中

从图 5-3 可见,黏结试件的抗折强度随着时间的延长先增加后基本稳定,90 d 抗折强度最大。7 d 到 90 d 的强度增加 40%,说明早期强度发展迅速;240 d 到 360 d 的强度虽降低 2%,但后期强度保持稳定。结果表明,MAPC 与硅酸盐水泥之间的黏结力受 Na$_2$SO$_4$ 的影响较大。在 Na$_2$SO$_4$ 溶液中,早期的黏结能力提高很快,MAPC 和硅酸盐水泥之间黏结越来越牢固;随着时间的延长,MAPC 和硅酸盐水泥之间的黏结能力持续保持,不再下降。

5.2.3　断裂位置及断裂面分析

不同环境中 240 d 黏结试件的断裂位置如图 5-4 所示。图 5-4 中,左侧为硅酸盐水泥(P.I),右侧为 MAPC。在自然环境中和在 5% Ca(OH)$_2$ 溶液中,黏结试件受到荷载后发生断裂的位置靠近 MAPC 和硅酸盐水泥的界面过渡区,且位于硅酸盐水泥一侧。这表明,在自然环境中和在 5% Ca(OH)$_2$ 溶液中,MAPC 和硅酸盐水泥的黏结力大于旧硅酸盐水泥的黏结力。在 10% Na$_2$SO$_4$ 溶液中,试件的断裂位置在普通水泥和 MAPC 的界面过渡区,说明 MAPC 和硅酸盐水泥的黏结力接近旧硅酸盐水泥的黏结力。这表明,MAPC 具有很好的黏结力,可以作为良好的修补材料使用。

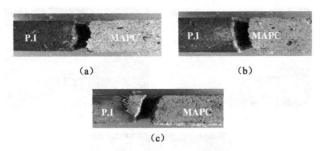

图 5-4　240 d 黏结试件的断裂位置

（a）在自然环境中　（b）在 5% Ca(OH)$_2$ 溶液中　（c）在 10% Na$_2$SO$_4$ 溶液中

Figure 5-4　Fracture locations of 240 d adhesive specimens

（a ）In the natural environment　（b ）In 5% Ca(OH)$_2$ solution　（c ）In 10% Na$_2$SO$_4$ solution

5.2.4　不同环境对界面孔洞形貌的影响

用光学显微镜观察在自然环境中、在 5% Ca(OH)$_2$ 溶液中、在 10% Na$_2$SO$_4$ 溶液中养护的黏结试件的黏结界面过渡区的微观形貌,如图 5-5~ 图 5-7 所示。图中黏结界面微观形貌的变化很好地反映了 MAPC 涂层黏结界面的结构演化过程。

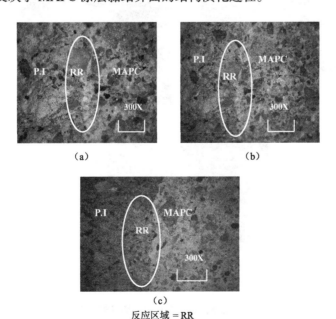

反应区域 = RR

图 5-5　自然环境中界面孔洞形貌

（a ）7 d　（b ）90 d　（c ）360 d

Figure 5-5　Surface pore morphology under standard curing condition

（a ）7 d　（b ）90 d　（c ）360 d

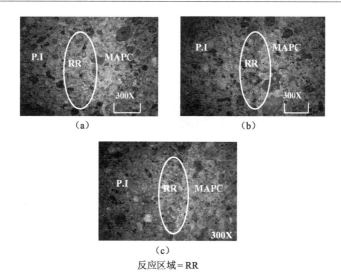

（c）

反应区域 = RR

图 5-6　5% Ca(OH)$_2$ 溶液中界面孔洞形貌

（a）7 d　（b）90 d　（c）360 d

Figure 5-6　Surface pore morphology in 5% Ca(OH)$_2$ solution

（a）7 d　（b）90 d　（c）360 d

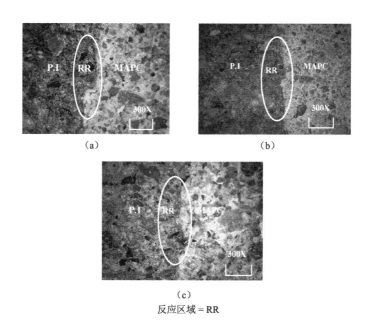

（c）

反应区域 = RR

图 5-7　10% Na$_2$SO$_4$ 溶液中界面孔洞形貌

（a）7 d　（b）90 d　（c）360 d

Figure 5-7　Surface pore morphology in 10% Na$_2$SO$_4$ solution

（a）7 d　（b）90 d　（c）360 d

（1）在自然环境中

在自然环境中,黏结试件界面过渡区的微观形貌如图 5-5 所示。由图 5-5 可知,在自然环境中养护 7 d 时, MAPC 与硅酸盐水泥在界面处结合得非常紧密,看不到裂缝和其他缺陷,也没有出现普通水泥混凝土修补后界面过渡区疏松多孔的现象。MAPC 充分发生水化反应,强度发展迅速,水化产物与硅酸盐水泥充分接触。界面过渡区存在着范德华力和化学键合力的作用,使得新旧混凝土黏结强度较高,不易出现开裂的情况。在自然环境中养护 90 d 时,界面过渡区产生少量的气泡,MAPC 的水化产物开始侵入硅酸盐水泥。不同的水化产物在黏结界面处相互交织形成网状结构,并生成了新的凝胶水化物,此水化物具有一定的胶凝性,因而提高了 MAPC 界面处的黏结强度。在自然环境中养护 360 d 时,试件的界面过渡区变得模糊,两种不同水泥基材料的水化产物深层次地相互渗透、交织在一起,不易辨别。此时 MAPC 和硅酸盐水泥的水化反应虽然仍在进行中,但趋于稳定,试件的黏结强度增长缓慢。

（2）在 5% Ca(OH)$_2$ 溶液中

在 5% 的 Ca(OH)$_2$ 溶液中,黏结试件界面过渡区的微观形貌如图 5-6 所示。浸泡 7 d 时, MAPC 与硅酸盐水泥在界面处结合得非常紧密,和在自然环境中养护的试件的情况相似;浸泡 90 d 时,界面过渡区没有出现气泡,且 MAPC 的水化产物侵入硅酸盐水泥的区域比在自然环境中大,这说明 MAPC 在 Ca(OH)$_2$ 溶液中的水化反应加快,比硅酸盐水泥的水化反应更快,形成了更多的水化产物,使界面过渡区更加致密;浸泡 360 d 时,界面过渡区变得更加模糊,浆体与界面的咬合面积增大,界面致密性显著提高,黏结强度进一步加大。

（3）在 10% Na$_2$SO$_4$ 溶液中

在 10% 的 Na$_2$SO$_4$ 溶液中,黏结试件界面过渡区的微观形貌如图 5-7 所示。浸泡 7 d 时, MAPC 与硅酸盐水泥在界面处结合得非常紧密,和在自然环境中养护的试件的情况相似;浸泡 90 d 时,界面过渡区没有出现气泡,且 MAPC 的水化产物侵入硅酸盐水泥的区域比在自然环境中小,这说明 MAPC 在 Na$_2$SO$_4$ 溶液中的水化反应速度没有超过硅酸盐水泥的水化反应速度,但是 MAPC 的水化产物具有很强的黏结力,使界面过渡区更加致密,提高了黏结性能;浸泡 360 d 时,界面过渡区变得更加模糊,但是浆体与界面的咬合面积与浸泡 90 d 时试件的黏结界面基本一样,水化反应趋于稳定,并且磷酸铵镁晶粒间连接紧密,水化产物呈凝胶状,含有较多结晶状物质。

5.3　机理分析

5.3.1　MAPC 与硅酸盐水泥的黏结性能

黏结试件界面过渡区养护 28 d 的微观样貌如图 5-8 所示。由图 5-8 可知,在 MAPC 和硅酸盐水泥的界面过渡区,两种水泥材料的水化产物相互交织在一起,呈现互相渗入的状态。硅酸盐水泥的修复表面有很多缝隙和凹凸不平的地方，MAPC 的水化产物固化后像多销钉一样嵌入微孔中，形成机械啮合力，将两个被粘物牢固地结合在一起。MAPC 本身具有快硬快凝的特点，这也决定了 MAPC 的黏结能力很强。黏结力来源于内聚力和黏附力。内聚力是黏结剂分子之间的作用力，黏结力是胶黏剂与被粘物之间的作用力。MAPC 和硅酸盐水泥砂浆的水化产物都与未水化的熟料颗粒发生水化反应，并生成胶凝性水化产物。

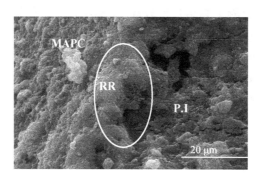

反应区域 =RR

图 5-8　在自然环境中放置 28 d 的试件的 SEM 图

Figure 5-8　SEM diagram of sample existing in the natural environment for 28 d

在自然环境中养护 28 d 的黏结试件的界面过渡区的背散射电子衍射图如图 5-9 所示。图 5-9 中 MAPC 图形较亮的区域是由平均原子序数大的原子发出的较强的背散射电子信号，较暗的区域是由平均原子序数较小的原子发出的较弱的背散射电子信号。通过图中明暗区域的划分将试件的化学成分特征明显地反映了出来。在此基础上，根据不同组分的分布情况，可以确定图中亮度低的区域即为硅酸盐水泥基体，相对较亮的区域即为 MAPC 修补材料。两种水泥基材料的不同水化产物在界面处相互交织、相互搭接，形成片状或者块状的胶凝性水化产物，从而提高了黏结界面过渡区的黏结强度。

图 5-9　28 d 黏结试件界面过渡区的背散射电子衍射图

Figure 5-9　Electron back-scattered diffraction pattern at the interface transition zone of

28 d adhesive sample

利用能谱仪（energy dispersive spectrometer，EDS）对图 5-9 中的块状晶体进行元素分析，结果如表 5-2 所示。通过 EDS 能谱分析可知，块状晶体的组成元素包括钙（Ca）、镁（Mg）、氮（N）、磷（P）、氧（O），这也间接证明了 MAPC 和硅酸盐水泥的水化产物在黏结界面处相互交织、相互搭接，并有新的无定形胶凝性水化产物生成，此水化产物提高了界面的黏结强度。

表 5-2　界面处 EDS 结果（%）

Table 5-2　EDS result at the interface（%）

Ca	P	Mg	N	O
32.36	21.28	22.20	5.77	18.39

5.3.2　不同环境中界面过渡区时变性

（1）在自然环境中

在自然环境中，良好的养护条件为 MAPC 和硅酸盐水泥进行水化反应提供了可靠的保障。水化反应进行得很彻底，水化产物充分生成，形成很高的强度，使两种不同的水泥基材料之间具有良好的相容性和更强的黏结性能。

（2）在 5% $Ca(OH)_2$ 溶液中

在 5% $Ca(OH)_2$ 溶液中浸泡 90 d 的试件的黏结界面的微观形貌如图 5-10 所示。5% $Ca(OH)_2$ 溶液的 pH 值为 12 左右，在这样的碱性条件下，MAPC 与 Ca^{2+} 发生化学反应，生成的产物使界面过渡区更加致密。由图 5-10 可知，黏结界面的结构比内部更加疏松，晶粒之间连接部分脱离，水化产物以凝胶为主。黏结界面内部存在较多的结晶物质，颗粒大小与表面的颗粒相当，但晶粒连接更紧密。因此，浸泡在 5% $Ca(OH)_2$ 溶液中，MAPC 的黏结能力呈现持续增加的状态，最后趋于稳定。

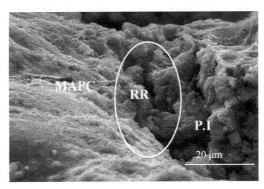

反应区域 = RR

图 5-10　在 $Ca(OH)_2$ 溶液中浸泡 90 d 的试件的黏结界面 SEM 图

Figure 5-10　SEM diagram of adhesive interface of sample immersed in $Ca(OH)_2$ solution for 90 d

为了分析黏结试件界面过渡区的产物和结构,对图 5-4(b)中断裂后的 MAPC 断面进行 SEM 扫描和 EDS 分析。黏结试件界面过渡区的微观形貌如图 5-11 所示。表 5-3 为能谱分析结果。根据微观形态和元素组成及成分分析可知,图 5-11 中针状的无色晶体为硅酸盐水泥的主要水化产物——C-S-H。通过 EDS 能谱分析可知,块状晶体的组成元素包括钙(Ca)、镁(Mg)、氮(N)、磷(P)、氧(O)。通过分子质量的换算可推断 MAPC 的主要水化产物为鸟粪石($MgNH_4PO_4 \cdot 6H_2O$),再次证明了 MAPC 和硅酸盐水泥的水化产物互相渗透、互相融合。

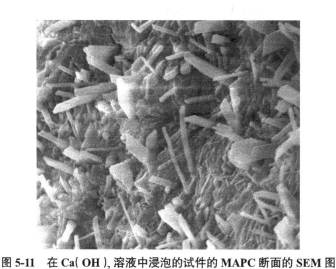

图 5-11　在 Ca(OH)$_2$ 溶液中浸泡的试件的 MAPC 断面的 SEM 图

Figure 5-11　SEM diagram of MAPC cross section of sample immersed in Ca(OH)$_2$ solution

表 5-3　界面处 EDS 结果(%)

Table 5-3　EDS result at the interface(%)

Ca	P	Mg	N	O
20.6	18.2	14.4	8.4	38.4

根据上述结果推断:MAPC 中的磷酸一铵也能与 Ca(OH)$_2$ 反应,生成具有胶凝性的磷酸钙类水化产物。MAPC 的黏结界面过渡区不仅存在物理黏结作用,而且存在很强的化学黏结作用。只要硅酸盐水泥基体保持一定的含水量,并给予足够的时间进行养护,其界面处就有足够的 Ca(OH)$_2$ 能够与磷酸一铵反应,使界面的化学黏结继续增强。

(3)在 10% Na_2SO_4 溶液中

在 10% Na_2SO_4 溶液中浸泡 90 d、360 d 的试件的黏结界面的微观形貌如图 5-12 所示。由图 5-12 可知,在 10% Na_2SO_4 溶液中浸泡 90 d 的黏结试件的界面过渡区的水化产物比较致密,没有孔隙;浸泡 360 d 时,MAPC 的水化产物呈现蓬松结构。10% Na_2SO_4 溶液的 pH 值为 10 左右,浸泡 90 d 时,MAPC 的水化产物比较稳定,和硅酸盐水泥紧密结合在一起,且这种黏结以物理黏结为主。内部及黏结界面的宏观缺陷较少,这样保证了黏结试件的界面过渡区具有相当大的黏结强度。因此,MAPC 的黏结能力在硫酸盐浸泡的初期是增长的。在浸泡后期,MAPC 中少量可溶性磷酸盐溶解析出。受硫酸盐的长期腐蚀,两种水泥基材料的结构变得疏松,强度降低,一定程度上影响了浆体与基体的黏结效果,但是 MAPC 具有良好的黏结强度,与硅酸盐水泥能够良好地黏结,使得黏结界面的后期强度保持稳定。

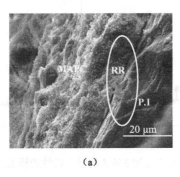

(a)

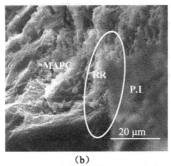

(b)

反应区域 = RR

图 5-12   在 Na$_2$SO$_4$ 溶液中浸泡的试件的黏结界面的 SEM 图

(a)90 d (b)360 d

Figure 5-12   SEM diagrams of adhesive interface of sample immersed in Na$_2$SO$_4$ solution

(a)90 d (b)360 d

为了分析界面过渡区的产物,对图 5-4(c)中断裂后的 MAPC 断面进行 SEM 和 XRD 分析。黏结试件界面过渡区的 XRD 图谱如图 5-13 所示。由图 5-13 可知,图谱中主要以 MgO、MgNH$_4$PO$_4$·6H$_2$O 的衍射峰为主,说明在 Na$_2$SO$_4$ 溶液中浸泡的黏结试件在界面过渡区存在未水化的 MgO 和 MAPC 的主要水化产物——鸟粪石(MgNH$_4$PO$_4$·6H$_2$O)。这两种物质对 MAPC 的黏结性能起到了主要作用。另外,图谱中还有新生成物 NaMg$_3$(OH)$_2$C$_2$ClO$_2$SO$_4$·6H$_2$O 的衍射峰,说明 MAPC 在 Na$_2$SO$_4$ 溶液中与 SO$_4^{2-}$ 反应形成了新的络合物 NaMg$_3$(OH)$_2$C$_2$ClO$_2$SO$_4$·6H$_2$O。这种络合物影响了 MAPC 修补水泥砂浆界面过渡区的性能,导致 MAPC 的黏结能力后期增长缓慢。图谱中还有 Na$_2$SO$_4$ 的衍射峰,主要来自 Na$_2$SO$_4$ 溶液。

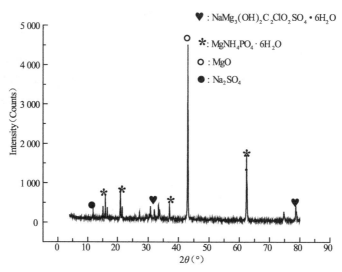

图 5-13　在 Na_2SO_4 溶液中浸泡 360 d 的黏结试件的界面过渡区的 XRD 图谱

Figure 5-13　XRD pattern of the interface transition zone of adhesive sample immersed in Na_2SO_4 solution for 360 d

在 Na_2SO_4 溶液中浸泡的 MAPC 断面的 SEM 图如图 5-14 所示。从图中可以看出，MAPC 的水化产物以絮状玻璃体为主，中间混杂着针状晶体，它们互相连成一片，晶体间存在较多空隙。根据微观形态和成分分析可知，图中的针状晶体为 Na_2SO_4，主要来自 Na_2SO_4 溶液。由于 MAPC 断面上粘有少量硅酸盐水泥，因此针状晶体也可能是水化硫铝酸钙（简称钙矾石，简写为 AFt）。钙矾石是硅酸盐水泥受硫酸盐腐蚀而产生的，由于含量极少，XRD 未测出。图中絮状物质为新生成的络合物 $NaMg_3(OH)_2C_2ClO_2SO_4 \cdot 6H_2O$。比较 SEM 分析结果发现，与自然养护条件下的试件相比，浸泡于 Na_2SO_4 溶液中的试件的界面过渡区的结构和成分发生很大变化。在硫酸盐环境中，MAPC 的黏结能力保持稳定。

图 5-14　在 Na_2SO_4 溶液中浸泡的试件的 MAPC 断面 SEM 图

Figure 5-14　SEM diagram of MAPC cross section of sample immersed in Na_2SO_4 solution

5.4 不同环境中的界面过渡区模型

MAPC 作为硅酸盐水泥结构良好的修补材料,修补后的结构性能除了与基层、修补材料(也就是 MAPC 本身)有密切的关联之外,还受到两种不同类型的水泥之间的黏结面的影响。前面的章节研究了不同环境中黏结界面的强度、结构和物质组成随龄期变化的演变规律。本节在宏观数据和已有研究成果的基础上,建立了 MAPC 在不同环境中界面过渡区的结构模型,为拓宽 MAPC 应用提供理论依据。

5.4.1 MAPC 基材料界面

作为普通硅酸盐水泥结构的修补材料, MAPC 实际上是由两种不同类型的水泥组成的复合材料。复合材料界面有一个微小区域,在这一区域基体和增强体可以相互结合,传递载荷。同时,复合材料界面属于新相,具有形状和体积,其厚度为几纳米至几微米,其中包括了基体和增强体原始接触面的部分区域、相互作用形成的反应产物或固溶产物,还包含了增强体表面上的增强涂层、基底上的氧化物和增强体的接触面。界面是复合材料微观结构非常重要的一部分,其结构和性能直接影响着黏结试件的性能。

组成复合材料的两相基质之间,必然存在界面黏结行为。依据作用形式,可以将这种黏结行为大致划分为吸附和湿润、相互扩散、静电吸引、化学键结合、机械黏着五类。MAPC 修补硅酸盐水泥结构的界面黏结行为主要包括以下三个类型,如图 5-15 所示。

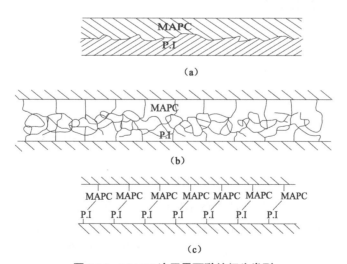

图 5-15　MAPC 涂层界面黏结行为类型
(a)机械黏着　(b)相互扩散　(c)化学键结合

Figure 5-15　Interface bonding behavior types of MAPC coating
(a)Mechanical adhesion　(b)Mutual diffusion　(c)Chemical bonding

（1）机械黏着

使用 MAPC 对硅酸盐水泥进行修复时,由于两种不同类型的水泥的表面比较粗糙,且有数目较多的凹入角,因此在两种水泥刚接触时,黏结界面由接触表面的凹凸结构咬合而成,如图 5-15(a)所示。这种界面的拉伸强度一般不高。

（2）相互扩散

MAPC 和硅酸盐水泥接触后,在形成机械黏着的同时,由于两种水泥材料的表面在微观和原子尺度上的粗糙不平使得它们之间相互接触。MAPC 和硅酸盐水泥的原子及水化产物相互渗透而形成黏结,如图 5-15(b)所示。黏结界面上水化产物的数量与缠结的网格数目对这一过程的界面的黏结强度起着决定性的作用。其中水化产物的扩散受到水的影响,水越多,扩散得越快;而水化产物的结构决定了水化产物扩散的程度。这种黏结作用又称作自黏结。

（3）化学键结合

当 MAPC 水化完全时,其与硅酸盐水泥黏结得最牢固,黏结强度最大。此时两种水泥的水化产物互相反应形成新的化合物。化合物以及原水化产物的化学键结合是界面强度的主要来源,是两种水泥的表面互相紧密接触、水化产物发生化学反应而形成的。化学键键合的强度取决于化学键的数量和类型。在自然环境中和在 $Ca(OH)_2$ 溶液中,这种结合比较牢固;在 Na_2SO_4 溶液的腐蚀环境中,界面又有新的化合物形成,此化合物对界面黏结造成不良影响,甚至会打断水泥原有的化学键,导致界面损坏。因此,化学键的形成和破断过程是某种形式的热动力学的平衡过程,如图 5-15(c)所示。

5.4.2　界面过渡区的结构模型

界面过渡区(interface transition zone, IMZ)的存在已被众多研究者所认可,但是关于过渡层的厚度、结构以及过渡层的定义还存在差异。研究者们一致认为过渡区是低密度和低强度的区域,主要是由于过渡区的孔隙率较大、结晶尺寸较大而且取向生成。界面过渡区的典型模型有 Barnes-Diamond 模型、Ollivier-Grandet 模型、Zimbelman 模型、Monteiro 模型和解松善模型等。本研究在已有的界面结构模型的基础上,初步建立 MAPC 在不同环境中的界面过渡区结构模型。

（1）在自然环境中

在自然环境中,两种水泥在界面微区水化产生了大量结晶较好的水化产物。随着时间的变化,界面过渡区的晶体形貌和结构未发生变化。界面区结构划分为三区。①接触层和渗透层:这两层的厚度为 2~3 μm,包括两种水泥的界面化学反应产物、气孔和水膜。②富集层:该层的厚度为 10~20 μm,此区域的孔隙较多,孔隙率较大, $Ca(OH)_2$ 晶体和鸟粪石富集, $Ca(OH)_2$ 取向性强。自然环境中黏结试件的界面过渡区的模型如图 5-16 所示。

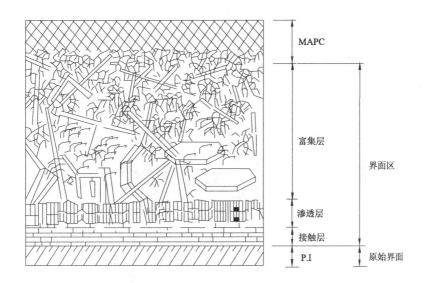

图 5-16 自然环境中界面过渡区模型

Figure 5-16 IMZ Model in natural environment

（2）在 Ca(OH)₂ 溶液中

在 Ca(OH)₂ 溶液中,由于 MAPC 和 Ca(OH)₂ 在界面微区长时间发生反应,形成新的磷酸钙类结晶体,使晶体形貌发生很大变化,结构更加致密。但是处于溶液环境中,水会进入界面孔隙中,在初期会对界面的黏结性能造成不好的影响。因此,将界面区结构划分为四区。①接触层和渗透层:这两层的厚度为 2~3 μm,该区域包括两种水泥的界面化学反应产物、气孔和水膜。在该区域,水泥浆体中的 Ca²⁺ 和 Mg²⁺ 相互扩散。②富集层:该层的厚度为 10~20 μm,该区域的孔隙和孔隙率均较小,C-S-H 凝胶和鸟粪石化合物富集,Ca(OH)₂ 取向性强。③弱效应层:该层的厚度为 5~8 μm,该区域的 Ca(OH)₂ 取向性减弱。在 Ca(OH)₂溶液中黏结试件的界面过渡区的模型如图 5-17 所示。

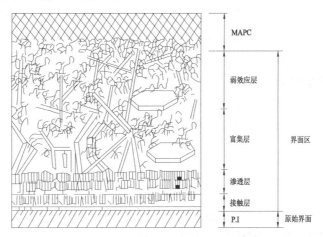

图 5-17 Ca(OH)₂ 溶液中界面过渡区模型

Figure 5-17 IMZ Model in Ca(OH)₂ solution

（3）在 Na_2SO_4 溶液中

在 Na_2SO_4 溶液中,界面过渡区的水化产物结构疏松,以絮状为主。随着时间的变化,晶体形貌虽有改观,但 MAPC 的黏结性能没有下降。Na_2SO_4 溶液中黏结试件的界面过渡区模型如图 5-18 所示。

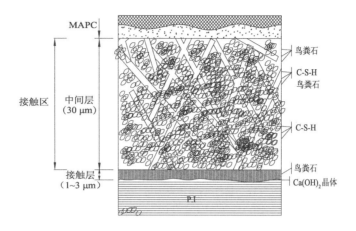

图 5-18 Na_2SO_4 溶液中界面过渡区模型
Figure 5-18 IMZ Model in Na_2SO_4 solution

硅酸盐水泥结构表面存在厚度为 1~3 μm 的一层物质,这是 MAPC 和硅酸盐水泥接触的一个层,称为接触层。MAPC 水化 1 d 后生成的鸟粪石沉积在基体的表面,同时被一层细小的氢氧化钙结晶层覆盖,鸟粪石垂直于硅酸盐水泥表面。然后,接触层上面继续生长出相当多的新的水化产物,水化产物也几乎垂直于硅酸盐水泥表面,并形成中间层。中间层主要由硅酸盐水泥和 MAPC 的水化产物组成,随着水化反应的进行,水化产物逐渐凝固。过渡层的孔隙率达 50%。此外,中间层还分布着一些微小物质群,主要是 $Ca(OH)_2$ 晶体的集合体,其面与集料表面平行。中间层的厚度约为 30 μm,距离集料表面越来越近,直至和集料表面接触,具有取向性。距离中间层 20 μm 的范围内,中间层进入致密的水泥石结构。在中间层,主要分布着针状、棒状的水化产物,这些水化产物基本紧贴并黏附于接触层。两种水泥的水化产物以及互相反应生成的新的水化物传递了绝大部分的黏结力。

随着龄期的增长,接触层出现裂缝,在结晶压力的作用下脱离集料表面。因此在长龄期(360 d 以上)时,尽管硅酸盐水泥石的强度继续增加,但黏结界面的黏结力保持稳定。

5.5 本章小结

MAPC 具有良好的黏结性能,一定配比的 MAPC 材料 2 h 的抗折强度超过 3.5 MPa,1 d 的抗折强度超过 7.0 MPa,非常适合作为混凝土结构的防护涂层。本章将 MAPC 和硅酸盐水泥的黏结试件分别在 $Ca(OH)_2$ 溶液和 Na_2SO_4 溶液中长期浸泡,定期测试试件的黏结强度,观察长期浸泡后试件的断裂位置和断裂面,对不同浸泡时期试件的界面微区进行光学显微镜和 SEM 分析,研究了侵蚀环境中 MAPC 修补砂浆试件的界面微区的结构演化,并且与自然环境中 MAPC 修补的硅酸盐水泥砂浆试件的黏结强度、界面微区的形貌进行了对比。结合试验结论,建立了不同的使用和暴露环境中的 MAPC 界面微区的演变模型。具体内容如下。

1)使用 MAPC 黏结硅酸盐水泥砂浆时,两种水泥之间存在明显的界面微区。在界面微区有结晶度较好的晶体生成,呈凝胶状,具有良好的黏附力,这使 MAPC 成为性能良好的修补材料。

2)在自然环境中和在 Ca(OH)$_2$ 溶液中,MAPC 的黏结强度呈现先增长后稳定的状态,试件断裂位置发生在硅酸盐水泥一侧。在 Na$_2$SO$_4$ 溶液中,MAPC 的黏结能力先增长后保持稳定,试件断裂位置发生在原连接处。

3)在自然环境中,两种水泥在界面微区水化,产生了大量结晶较好的水化产物。随着时间的变化,界面微区的晶体形貌和结构未发生变化。在 Ca(OH)$_2$ 溶液中,由于 MAPC 和 Ca(OH)$_2$ 在界面微区长时间发生反应,形成新的磷酸钙类结晶体,使晶体形貌发生很大变化,结构更加致密。在 Na$_2$SO$_4$ 溶液中,界面微区的水化产物结构疏松,以絮状为主。随着时间的变化,晶体形貌虽有改观,但 MAPC 的黏结性能稳定。

4)根据不同使用环境中的界面区域的断裂特征、界面裂纹及孔洞形貌特征、界面微观形貌特征等,将界面区结构划分为接触区和渗透层、富集区、弱效应区等区域。在自然环境中、在 Ca(OH$_2$)溶液中和在 Na$_2$SO$_4$ 溶液中,这几个区域随着时间的改变而发生不同的变化。

参考文献

[1] 姜法义,陈常明. 外加剂对镁水泥氯离子溶出率的影响 [J]. 武汉理工大学学报,2010,32(8):37-40.

[2] 杨建明,史才显,常远,等. 掺复合缓凝剂的磷酸钾镁水泥浆体的水化硬化特征 [J]. 建筑材料学报,2013,16(1):43-49.

[3] LI Y, CHEN B. Factors that affect the properties of magnesium phosphate cement [J]. Construction and Building Material,2013,47:977-983.

[4] SOUDÉE E, PÉRA J. Influence of magnesia surface on the setting time of magnesia-phosphate cement[J]. Cement and Concrete Research,2002,32(1):153-157.

[5] MESTRES G, GINEBRA M. Novel magnesium phosphate cements with high early strength and antibacterial properties[J]. Acta Biomaterialia,2011,7(4):1853-1861.

[6] EARNSHAW R. Investments for casting cobalt-chromium alloys: Part I[J]. Br Dent J, 1960(108):389-396.

[7] EARNSHAW R. Investments for casting cobalt-chromium alloys: Part II [J]. Br Dent J,

1960(108):429-440.

[8] STIERLI R F, TARVER C C, GAIDIS J M. Magnesium phosphate concrete compositions: US3960580[P]. 1976-06-01.

[9] MICHALOWSKI T, PIETRZYK A. A thermodynamic study of struvite + water system[J]. Talanta,2006,68(3):594-601.

[10] YANG Q B, WU X L. Factors influencing properties of phosphate cement-based binder for rapid repair of concrete[J]. Cement and Concrete Research,1999,29(3):389-396.

[11] YANG Q B, ZHU B R, WU X L. Characteristics and durability test of magnesium phosphate cement-based material for rapid repair of concrete[J]. Materials and Structures, 2000, 33(4):229-234.

[12] YANG Q B, ZHANG S Q, WU X L. Deicer-scaling resistance of phosphate cement-based binder for rapid repair of concrete[J]. Cement and Concrete Research, 2002, 32(1): 165-168.

[13] YANG Q B, ZHU B R, ZHANG S Q, et al. Properties and applications of magnesia-phosphate cement mortar for rapid repair of concrete[J]. Cement and Concrete Research, 2000, 30(11):1807-1813.

[14] DING Z. Research of magnesium phosphosilicate cement[D]. Hong Kong: The Hong Kong University of Science and Technology,2005.

[15] 丁铸,李宗津. 早强磷硅酸盐水泥的制备和性能 [J]. 材料科学学报, 2006, 20(2): 141-147.

[16] ALIREZA G, MAMADOU F. Strength evolution and deformation behaviour of cemented paste backfill at early ages: effect of curing stress, filling strategy and drainage[J]. International Journal of Mining Science and Technology,2016,26(5):809-817.

[17] BRANTSCHEN F, FARAIA D M V, RUIZ M F, et al. Bond behaviour of straight, hooked, U-shaped and headed bars in cracked concrete[J]. Structural Concrete, 2016, 17(5): 799-810 .

[18] ZHU C X, CHANG X, MEN Y D, et al. Modeling of grout crack of rockbolt grouted system[J]. International Journal of Mining Science and Technology,2015,25(1):73-77.

[19] DE VILLIVERS J P, VAN ZIJL G, VAN ROOYEN A S. Bond of deformed steel reinforcement in lightweight foamed concrete[J]. Structural Concrete,2017,18(3):496-506.

[20] PRINCE M J R,SINGH B. Bond behaviour of normal- and high-strength recycled aggregate concrete [J]. Structural Concrete,2015,16(1): 56-70.

6 MAPC 涂层混凝土的抗硫酸盐侵蚀能力研究

混凝土结构常用的防护涂料分为有机和无机两类。从防护硫酸盐侵蚀的效果看,有机涂料是一种非常理想的防护材料,但有机涂料极易老化,使用寿命远小于侵蚀环境中混凝土结构的使用寿命,无法为其提供长期有效的保护。无机涂料克服了有机涂料极易老化的缺点,且涂覆混凝土结构效果良好。但无机涂料种类很少,常用的无机涂料主要为水泥基渗透结晶型涂料,这种涂料通过加强混凝土的密实性提高混凝土结构的耐久性,主要用于混凝土结构防水。由于这种涂料的主要成分仍然为硅酸盐水泥,其自身抗硫酸盐侵蚀性能较差,同样无法为混凝土结构的抗硫酸盐侵蚀提供长期有效的防护。

目前的研究表明 MAPC 具有结构密实、高早强、高体积稳定性、黏结性强、附着性好等特点,可以作为无机涂料使用。但是目前将 MAPC 用作无机涂料的应用很少,同时关于硫酸盐侵蚀环境中 MAPC 涂料性能稳定性的研究,以及将 MAPC 涂敷在混凝土结构表面来防护硫酸盐侵蚀的研究也不充分,这些因素都大大制约了 MAPC 涂料的推广和使用。因此,研究硫酸盐侵蚀环境中 MAPC 涂料的结构和物质组成的变化,制备出不老化、稳定性好、抗硫酸盐侵蚀性强的 MAPC 基无机涂层,对混凝土结构防护技术的提升以及 MAPC 基材料的开发与应用等具有重要意义。

本章通过比较抗压强度、外观形貌和超声声速的变化,对比研究无涂层混凝土、MAPC 涂层混凝土和环氧树脂涂层混凝土的抗硫酸盐侵蚀能力,并对腐蚀前后的 MAPC 涂层进行 XRD、SEM 分析,研究 MAPC 涂层微观结构和组成成分在硫酸盐腐蚀环境中的变化以及 MAPC 涂层影响混凝土抗硫酸盐侵蚀能力的内在机理。

6.1 试验材料及配制工艺

6.1.1 原材料

1)硅酸盐水泥和 MAPC 的组成材料的基本性能同 4.1 节。

2)石子:采用徐州本地碎石,此种碎石本身质地坚硬且表面粗糙。此外,根据标准《建筑用卵石、碎石》(GB/T 14685—2011)对碎石相关技术指标进行测量(表 6-1)。

表 6-1　石子技术指标

Table 6-1　Technical indicators of stone

粒径（mm）	压碎值	针片状含量	含泥量
5~15	2.50%	0.45%	0.25%

6.1.2　试验配合比

（1）混凝土

混凝土的配合比见表 6-2。

表 6-2　混凝土配合比

Table 6-2　Mix ratio of concrete

水灰比	水泥	砂子	石子	水
0.4	1	1.24	2.52	0.4

（2）MAPC 涂层

MAPC 涂料由氧化镁粉、磷酸一铵、复合缓凝剂按一定比例在试验室配制得到。其中液胶比（ m_L / m_{MAPC} ）为 0.12，复合缓凝剂掺量为氧化镁粉质量的 5%，NaCl 掺量为氧化镁粉质量的 3%。

（3）有机涂层

为了对比 MAPC 涂层和有机涂层的抗硫酸盐侵蚀能力，本试验选用的有机涂料为常用的改性环氧树脂涂料（由徐州豪利特涂料有限公司提供）。涂料的涂装体系及用量见表 6-3。

表 6-3　混凝土涂料涂装体系及用量

Table 6-3　Coating system and dosage of concrete

涂料类别	涂装体系	用量
MAPC	根据使用要求，均匀涂两遍	100 g/m²
环氧树脂	底漆：两道 PL-1 专用封闭底漆	150 g/m²
	面漆：两道 PLH52-3 环氧玻璃面漆	200 g/m²

6.2 试验内容及方法

6.2.1 试件制备

为了研究硫酸盐腐蚀环境中涂层的外观形貌,试验采用硅酸盐水泥混凝土长方体试件。按照 6.1.2 节中混凝土的配合比,采用强制式搅拌机浇筑制作 100 mm × 100 mm × 300 mm 的长方体试件和 100 mm × 100 mm × 100 mm 的立方体试件。浇筑完毕后,将试件放入标准养护室(温度为 20 ℃、相对湿度为 95%)中静置 1 d 后脱模,并养护至规定龄期。将试件在使用之前,放入 80 ℃烘箱中干燥 8 h,冷却至室温后,用砂纸对试件表面进行打磨。最后用湿抹布清除试件表面污渍和浮灰,晾干等待试验。

6.2.2 涂层粉刷

使用毛刷涂刷试件,将混凝土试件的六面全部涂刷。根据混凝土试件的表面积确定涂料的使用量。在涂刷时,将涂料均匀地涂抹在混凝土试件的表面,涂刷两道,两道涂层的涂刷时间间隔为 24 h。涂刷完毕后,将 MAPC 涂层混凝土试件放入标准养护室中养护至 28 d 龄期。具体涂层混凝土试件的制作计划如表 6-4 所示。

表 6-4 涂层混凝土试件和水泥胶砂试件制作计划

Table 6-4 Making plan of coated concrete specimens and cement mortar specimens

试件规格	涂层类别	涂刷次数	试件数量
100 mm × 100 mm × 300 mm	MAPC 涂层	2	3
	环氧树脂涂层	2	3
	无涂层	—	3
100 mm × 100 mm × 100 mm	MAPC 涂层	2	36
	环氧树脂涂层	2	36
	无涂层	—	36

本试验采用质量分数为 5% 的硫酸钠溶液,混凝土长方体试件半浸泡,立方体试件完全浸泡。

6.2.3 试验测试

将不同涂层混凝土试件放置在硫酸钠溶液中浸泡,浸泡至 360 d 后,结束试验。

（1）涂层外观形貌观测

混凝土长方体试件在硫酸钠溶液中半浸泡，每 10 d 对涂层进行观察和拍照，记录涂层的变化及混凝土试件受腐蚀的程度。

（2）抗压强度检测

采用电液伺服混凝土试验机测试混凝土试件的抗压强度。混凝土试件养护 28 d 后，测试的强度作为初始值，并于浸泡日开始，每隔 60 d 测试一次。

（3）混凝土超声声速检测

超声波（简称超声）在混凝土等介质中传播时，混凝土的力学性能会影响超声波的传播速度（简称超声声速）。另外，混凝土内部的裂缝、孔隙、材料组成等性质也会影响超声声速。因此，硫酸盐侵蚀环境中混凝土内部结构的变化可以通过超声声速来表征。

每 60 d 将试件从浸泡溶液里面取出，进行干燥后借助超声波检测仪对混凝土试件进行测试。对超声波检测仪测得的超声数据进行转变（超声声速 = 测距 L/ 声时平均值，本书所选取 L 值为 100 mm），即可获得超声声速。

（4）SO_4^{2-} 含量的测试

为测出混凝土内不同深度处 SO_4^{2-} 的含量，在腐蚀末期对试件进行钻芯取样、制粉，并对取样样品进行化学分析。采用混凝土钻孔机对混凝土试件进行钻取，然后进行切割分层。芯样为直径 20 mm 的圆柱体，第一层厚度取 1.5 mm，第二层厚度取 2 mm，以后每层厚度均取 5 mm，分别对应侵蚀深度（从试件表面算起）0.75 mm、2.5 mm、6 mm、11 mm、16 mm、21 mm、26 mm、31 mm。

在对混凝土试件自身所含 SO_4^{2-} 量进行测试的过程中，使用的是改进后的化学分析方法，即用 SO_3 的含量表示试件所含 SO_4^{2-} 的浓度。考虑到硅酸盐水泥本身含有一定量的 SO_4^{2-}，本试验先对硅酸盐水泥中的 SO_4^{2-} 含量进行测定，得知由硅酸盐水泥配制的混凝土中 SO_4^{2-} 初始含量是 0.58%。因此，当发现混凝土试件中的 SO_4^{2-} 测试含量值大于 0.58% 时，即代表此试件被外部硫酸盐侵蚀。

（5）微观分析

浸泡结束后对 MAPC 涂层混凝土立方体试件取样，利用 SEM、XRD 对 MAPC 涂层进行微观分析。主要对比和分析 MAPC 涂层在硫酸盐环境中腐蚀前后的结构和产物变化，进一步研究涂层对硅酸盐水泥混凝土抗硫酸盐侵蚀能力的影响。

6.3 结果与讨论

6.3.1 不同浸泡时间的混凝土试件的外观形貌对比

（1）浸泡 60 d

无涂层混凝土、MAPC 涂层混凝土、环氧树脂涂层混凝土试件在硫酸盐溶液中半浸泡

60 d 的外观形貌如图 6-1 所示。根据试件的外观形貌,可以将试件表面分为浸泡区、吸附区、大气区三个区域。由图 6-1 可知,半浸泡 60 d 的三种混凝土试件的外观形貌类似,且试件表面均出现了絮状白色晶体。此现象主要是因为水分蒸发使硫酸盐溶液过饱和而在混凝土的吸附区析出结晶引起的。无涂层混凝体试件的吸附区析出的白色晶体数量最多,MAPC 涂层混凝土和环氧树脂涂层混凝土试件的吸附区析出的白色晶体数量较少,这是因为涂层对混凝土起到了一定程度的防护作用,阻止了硫酸盐溶液对混凝土的侵蚀。

A—大气区;B—吸附区;C—浸泡区

图 6-1 浸泡 60 d 混凝土试件的外观形貌

(a)无涂层混凝土 (b)环氧树脂涂层混凝土 (c)MAPC 涂层混凝土

Figure 6-1 Morphology of concrete specimens immersed for 60 d

(a)Uncoated concrete (b)Epoxy resin coated concrete (c)MAPC coated concrete

（2）浸泡 180 d

无涂层混凝土、MAPC 涂层混凝土、环氧树脂涂层混凝土试件在硫酸盐溶液中半浸泡 180 d 的外观形貌如图 6-2 所示。由图 6-2 可以看出,半浸泡 180 d 的三种混凝土试件的外观形貌存在较大差异。如图 6-2(a)所示,随着半浸泡时间的延长,无涂层混凝土试件吸附区聚集的絮状白色晶体继续增加,且向大气区发展。除去白色晶体后,无涂层混凝土试件吸附区表面局部出现麻面,且从试件边缘向中心发展。试件浸泡区靠近棱边处麻面较多,中间部分几乎没有。试件棱角处出现不同程度的混凝土表层剥落,特别是浸泡区边角部出现掉角现象,水泥浆脱落,粗骨料外露。

由图 6-2(b)可以看出,环氧树脂涂层混凝土试件吸附区聚集大量的白色晶体,且向大气区扩展,但扩展范围远不如无涂层混凝土大。去除白色晶体后,试件表面未出现麻面现象。试件浸泡区边角部有掉角现象,且表面水泥浆脱落,粗骨料外露。

由图 6-2(c)可以看出,MAPC 涂层混凝土试件吸附区被絮状白色晶体覆盖,数量比环氧树脂涂层混凝土试件少。除去白色晶体后,吸附区未出现麻面现象,试件表面基本完好。试件浸泡区表面基本完好,未出现麻面、掉角等现象。

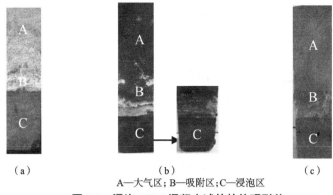

A—大气区；B—吸附区；C—浸泡区

图 6-2 浸泡 180 d 混凝土试件的外观形貌

（a）无涂层混凝土 （b）环氧树脂涂层混凝土 （c）MAPC 涂层混凝土

Figure 6-2 Morphology of concrete specimens immersed for 180 d

（a）Uncoated concrete （b）Epoxy resin coated concrete （c）MAPC coated concrete

（3）浸泡 300 d

无涂层混凝土、MAPC 涂层混凝土、环氧树脂涂层混凝土试件在硫酸盐溶液中半浸泡 300 d 的外观形貌，如图 6-3 所示。由图 6-3 看出，半浸泡 300 d 的三种混凝土试件的外观形貌存在较大差异。如图 6-3（a）所示，无涂层混凝土试件表面几乎长满了白色结晶物，吸附区剥落严重，粗骨料外露，浸泡区裂纹纵向发展，表层砂浆脱落，腐蚀加重，甚至出现了酥松。大气区未出现受侵蚀的现象。

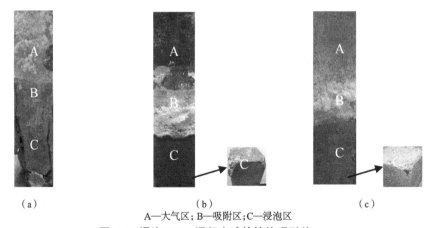

A—大气区；B—吸附区；C—浸泡区

图 6-3 浸泡 300 d 混凝土试件的外观形貌

（a）无涂层混凝土 （b）环氧树脂涂层混凝土 （c）MAPC 涂层混凝土

Figure 6-3 Morphology of concrete specimens immersed for 300 d

（a）Uncoated concrete （b）Epoxy resin coated concrete （c）MAPC coated concrete

从图 6-3（b）看出，环氧树脂涂层混凝土试件吸附区聚集的白色物质越来越多，覆盖范围继续扩大。试件浸泡区腐蚀加重，底部粗骨料外露。角部剥落的混凝土数量增加，边角处水泥石剥落，露出粗骨料。

从图 6-3(c)看出，MAPC 涂层混凝土试件吸附区聚集的絮状白色物质越来越多,覆盖范围继续向上扩展。试件浸泡区边角部有掉角现象,但粗骨料未外露。

综上所述,混凝土受腐蚀后,根据腐蚀的外观形貌将混凝土试件表面分为大气区、吸附区和浸泡区三部分。半浸泡状态下,硫酸盐溶液中混凝土试块在吸附区析出絮状的白色晶体物质。随着腐蚀龄期的延长,混凝土试件内部硫酸盐结晶程度加大,腐蚀产物增多,混凝土试件在浸泡区出现裂缝,裂缝首先出现在边角位置处。试验结束时,混凝土试件的水泥石已经剥落,内部的粗骨料露出。在不同浓度的硫酸盐溶液中,硫酸盐浓度越大,腐蚀现象越严重。

通过比较环氧树脂涂层混凝土、MAPC 涂层混凝土硫酸盐腐蚀后的外观形貌可知:MAPC 涂层的防护效果比有机涂层的防护效果好。虽然在腐蚀初期两种涂层都产生了防止硫酸盐腐蚀的效果,但随着腐蚀程度的加深,有机涂层先脱离试件并逐步失去防护作用,而MAPC 涂层表现出良好的防护效果,很大程度上保护了混凝土试件的完整性。

6.3.2 不同涂层对混凝土抗压强度的影响

不同混凝土立方体试件的抗压强度随腐蚀龄期的变化如图 6-4 所示。

（1）无涂层混凝土

从图 6-4 可以看出,腐蚀时间在 0~150 d 时,无涂层混凝土的抗压强度稳定增长;180 d 时,由于硫酸盐对混凝土的结构表层造成破坏,混凝土的抗压强度发生突变,降至 10 MPa;180~240 d 时,混凝土的抗压强度在 10~13 MPa 波动;当腐蚀进行到 270 d 后,硫酸盐侵蚀造成混凝土结构坍塌,抗压强度降至很小,直至为零。

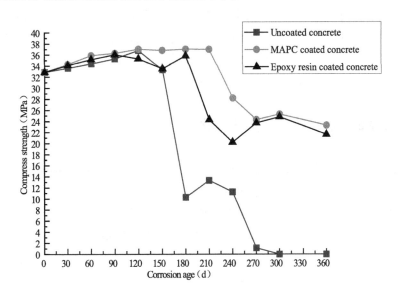

图 6-4 不同混凝土试件的抗压强度

Figure 6-4 Compressive strength of different concrete specimens

（2）环氧树脂涂层混凝土

从图 6-4 可以看出,环氧树脂涂层混凝土的抗压强度的变化为:0~200 d 时环氧树脂涂层混凝土的抗压强度稳定增长,由于环氧树脂涂层的防护作用,抗压强度的增长时间比无涂层混凝土长;210 d 时,抗压强度发生突变,降至 25 MPa;210~360 d 时,抗压强度在 20~25 MPa 波动,直至试验结束。

（3）MAPC 涂层混凝土

从图 6-4 可以看出,MAPC 涂层混凝土的抗压强度的变化为:0~210 d 时 MAPC 涂层混凝土的抗压强度稳定增长,由于 MAPC 涂层的防护作用,抗压强度的增长时间比无涂层混凝土和环氧树脂涂层混凝土都长;240 d 时,抗压强度发生突变,降至 28 MPa;270~360 d 时,由于侵蚀只对混凝土的结构表层造成破坏,加上 MAPC 涂层的防护作用,抗压强度进入波动阶段,在 20 MPa 左右变化,直至试验结束。从混凝土抗压强度的变化过程可以看出,MAPC 涂层提高了混凝土结构的抗硫酸盐侵蚀能力,且防护效果优于环氧树脂涂层。

通过上述分析,可以了解到无涂层混凝土和涂层混凝土试件的抗压强度在腐蚀初期增加,主要原因是 SO_4^{2-} 进入混凝土内部,与水泥的水化产的物发生反应,生成的产物可以填充混凝土的孔隙,并且该反应不断向混凝土内部传输,使得混凝土的孔隙被填充,混凝土的结构变得致密,因而在该阶段三种混凝土试件的抗压强度均上升。在腐蚀中期,因反应物的填充产生的膨胀力超过混凝土材料自身的抗拉强度,无涂层混凝土内部产生裂纹,而裂纹会使混凝土内部变得酥松,且表层遭到腐蚀的水泥浆的剥落加速了 SO_4^{2-} 的传输,内外部共同腐蚀导致混凝土抗压强度的下降,且下降速度很快。到了腐蚀后期,混凝土强度会进入短暂的平稳期,待混凝土抗拉强度超过材料的破坏极限时,混凝土最终坍塌,完全失去强度。对于具有涂层的混凝土而言,在腐蚀中期,由于涂层的隔离保护作用,腐蚀速度降低,腐蚀破坏程度减小,虽然混凝土强度也急速下降,但下降的幅度比无涂层混凝土小,MAPC 涂层混凝土的强度下降幅度最小;在腐蚀后期,MAPC 涂层混凝土的强度一直处于平稳期,环氧树脂涂层混凝土由于防护效果不如 MAPC 涂层,混凝土强度会再次下降。

6.3.3 涂层混凝土试验的超声声速变化

对无涂层混凝土试件和涂层混凝土试件的吸附区和浸泡区进行超声声速检测。超声波在密实的混凝土中传播速度快,反之,传播速度慢。

（1）涂层混凝土的超声声速变化与试件吸附区的关系

不同混凝土试件吸附区的超声声速随腐蚀龄期的变化如图 6-5 所示。从图 6-5 可以看出:无涂层混凝土、MAPC 涂层和环氧树脂涂层混凝土吸附区的超声声速都呈下降趋势。这说明涂层混凝土虽有涂层的保护,但也受到了硫酸盐的腐蚀,混凝土内部产生了不同程度的损伤。

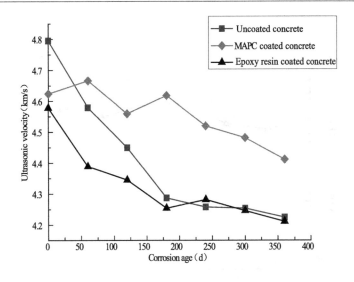

图 6-5 不同混凝土试件吸附区的超声声速随腐蚀龄期的变化

Figure 6-5 Ultrasonic velocity change in crystal precipitation zone of different concrete specimens with corrosion age

在腐蚀初期，MAPC 涂层混凝土和环氧树脂涂层混凝土的超声声速在一定范围内呈现下降趋势。腐蚀龄期为 60 d 时，无涂层混凝土和环氧树脂涂层混凝土的超声声速降低明显；腐蚀龄期为 120 d 时，MAPC 涂层混凝土的超声声速才开始降低。其中，无涂层混凝土超声声速下降最快，MAPC 涂层混凝土超声声速下降最慢。之后，随着腐蚀龄期的延长，涂层混凝土超声声速进入平稳下降阶段。

结合涂层混凝土吸附区的腐蚀过程，可以得出无涂层混凝土腐蚀速度最快的结论。在硫酸盐腐蚀环境中，MAPC 涂层混凝土和环氧树脂涂层混凝土虽然都出现了腐蚀的外观形貌，但分析发现，两种涂层都减轻了混凝土受硫酸盐腐蚀的程度。此外，与环氧树脂涂层相比，MAPC 涂层产生了更好的防护效果。

（2）涂层混凝土的超声声速变化与试件浸泡区的关系

不同混凝土试件浸泡区的超声声速随腐蚀龄期的变化如图 6-6 所示。从图 6-6 可以看出，以无涂层混凝土的超声声速为参照，MAPC 涂层混凝土浸泡区的超声声速下降幅度不大，而环氧树脂涂层混凝土浸泡区的超声声速下降幅度较大。根据超声声速的变化特征可以很好地表征两种涂层对混凝土抗硫酸盐侵蚀能力的差异。

在腐蚀初期，各种混凝土的超声声速都有所增加，但增加的幅度不一样，其中无涂层混凝土的超声声速上升幅度最大，MAPC 涂层混凝土的超声声速上升幅度居中，环氧树脂涂层混凝土的超声声速上升幅度最小。因为腐蚀产物填满了混凝土内部的孔隙，使混凝土结构变得致密，所以超声声速上升。无涂层混凝土内部生成的腐蚀产物最多，MAPC 涂层混凝土内部的腐蚀产物最少，因此对应的超声声速也分别呈现出最大值和最小值。

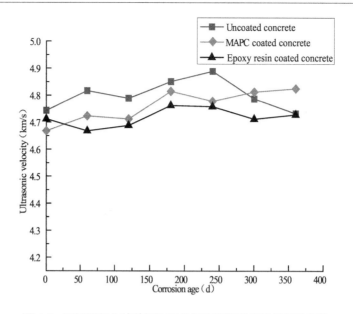

图 6-6　不同混凝土试件浸泡区的超声声速随腐蚀龄期的变化

Figure 6-6　Ultrasonic velocity change in immersion zone of different concrete specimens with corrosion age

　　腐蚀 60 d 后,无涂层混凝土和 MAPC 涂层混凝土的超声声速都开始减小,主要是因为,随着硫酸盐侵蚀能力的增强,混凝土内部损伤程度加大,超声声速呈现下降趋势。无涂层混凝土浸泡区的超声声速下降最快,主要是由于无涂层混凝土缺乏涂层的防护,使得混凝土受硫酸盐腐蚀的速度加快,损伤加重。根据腐蚀外观形貌可知,环氧树脂涂层的脱落使混凝土失去了防护硫酸盐侵蚀的屏障,导致混凝土内部受到了损伤,出现了裂缝,结构不再致密,因此超声声速下降较快。但 MAPC 涂层表现较好,腐蚀 120 d 后,超声声速依然缓慢上升,说明 MAPC 涂层能够形成比较有效的防护层。因此, MAPC 涂层的防护效果优于环氧树脂涂层,环氧树脂涂层的防护效果优于无涂层。

6.3.4　SO_4^{2-} 含量

　　不同混凝土试件浸泡区深度为 2.5 mm、6 mm 处不同腐蚀龄期的 SO_4^{2-} 含量如图 6-7 所示。从图 6-7 可以看出:无涂层混凝土和涂层混凝土内部 SO_4^{2-} 含量随着腐蚀龄期的增长而增长;在同一腐蚀龄期内,无涂层混凝土的 SO_4^{2-} 含量最高。由于涂层的防护作用, MAPC 涂层混凝土浸泡区的 SO_4^{2-} 含量最低,环氧树脂涂层混凝土次之。无涂层混凝土内部 SO_4^{2-} 含量一直处于增长状态, 0~60 d 时增长较快, 60~240 d 时增长缓慢, 240 d 后增长较快。这主要由于 SO_4^{2-} 按照渗透与扩散、侵蚀反应的顺序向混凝土内传输。而 MAPC 涂层和环氧树脂涂层混凝土内部 SO_4^{2-} 含量的变化趋势基本一致,都是先增长加快后增长缓慢。其主要原因是:在腐蚀初期,由于混凝土内部 SO_4^{2-} 较少, SO_4^{2-} 渗透速度较快;等混凝土内部的 SO_4^{2-} 较多时, SO_4^{2-} 渗透速度下降。从 SO_4^{2-} 含量的变化趋势可以看出, MAPC 涂层混凝土的抗硫酸盐腐蚀能力强于环氧树脂涂层混凝土。

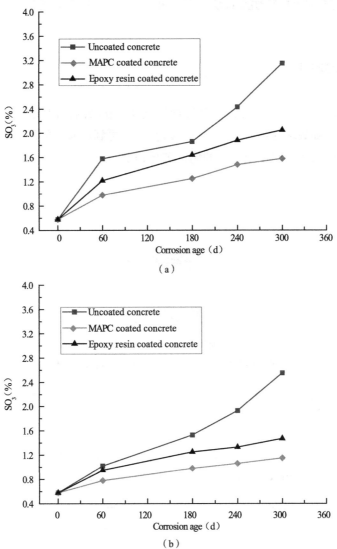

图 6-7　不同混凝土试件浸泡区内部不同腐蚀龄期的 SO$_4^{2-}$ 含量

（a）浸泡区深度为 2.5 mm　（b）浸泡区深度为 6 mm

Figure 6-7　Sulfate ion content in immersion zone of different concrete specimens at different corrosion age

（a）The immersion depth is 2.5 mm　（b）The immersion depth is 6 mm

6.4   涂层提高混凝土抗硫酸盐侵蚀能力的机理分析

6.4.1   无涂层混凝土

从图 6-3 可以看出,混凝土受硫酸盐腐蚀的破坏是从吸附区出现白色晶体物质开始的,然后是浸泡区的角部破坏,接着是浸泡区的棱边破坏,再到混凝土的面部破坏。混凝土浸泡区的腐蚀破坏程度大于混凝土吸附区的腐蚀破坏程度。

图 6-8   腐蚀 180 d 后 SO_4^{2-} 测试位置

Figure 6-8   Sulfate ion test positions after corrosion for 180 d

在图 6-8 中的 1、2、3 三个位置取样,测试浸泡区试件的角、线、面附近区域不同深度的 SO_4^{2-} 含量,结果如表 6-5 所示。

表 6-5   腐蚀 180 d 同一试件不同位置的 SO_4^{2-} 含量

Table 6-5   Sulfate content at different positions of the same specimen after corrosion for 180 d

(%)

Position	1	2	3
2.5 mm	2.04	1.95	1.86
6.0 mm	1.91	1.75	1.53

角部腐蚀是三维腐蚀,棱边腐蚀是二维腐蚀,而侧面的腐蚀可以看成一维腐蚀。假设 SO_4^{2-} 在混凝土表面的传输是均匀的,角部混凝土中 SO_4^{2-} 含量是三条棱线处 SO_4^{2-} 含量的叠加,棱边处混凝土中 SO_4^{2-} 含量是两相交面棱边 SO_4^{2-} 含量的叠加,而侧面仅仅是单一的 SO_4^{2-} 累积,因而导致角部的 SO_4^{2-} 浓度较高,棱边次之,侧面最低。然而混凝土并不是在刚受到 SO_4^{2-} 腐蚀时就产生破坏的,腐蚀破坏是一个慢慢累积的过程。试件表面水泥浆在 SO_4^{2-} 浓度达到一定值时,混凝土开始膨胀,产生微裂缝。而角部的 SO_4^{2-} 浓度较高,在不断侵蚀的过程中,率先达到该临界值,于是角部开始起皮、掉角。角部出现裂纹后, SO_4^{2-} 向内侵入更加便捷,累积在角部的 SO_4^{2-} 向周围扩散,离角部裂纹较近的棱边处不断积累 SO_4^{2-},致使棱边处

SO_4^{2-} 含量不断升高,最终引起棱边裂纹的产生。随着边缘混凝土不断侵蚀剥落,边缘处的 SO_4^{2-} 含量逐渐升高,混凝土内部 SO_4^{2-} 浓度也逐渐拉开差距,在浓度梯度场作用下,SO_4^{2-} 加速向混凝土内部传输。

在腐蚀初期,混凝土试件吸附区表面开始出现结晶现象。随着腐蚀龄期的延长,结晶区域不断增大,最终形成稳定区域。混凝土试件吸附区内部通过灯芯效应,形成高浓度的稳定的孔溶液,该溶液处于过饱和状态。SO_4^{2-} 与水泥石的 $Ca(OH)_2$ 反应生成钙矾石、石膏等膨胀性产物,且数量不断增加,造成混凝土内部膨胀,导致裂缝的产生,进一步造成混凝土的破坏。

6.4.2 MAPC涂层混凝土

为了进一步研究 MAPC 涂层混凝土抗硫酸盐腐蚀能力提高的机理,在腐蚀末期对 MAPC 涂层混凝土立方体试件的涂层取样,进行 SEM 观察和 XRD 测试,分析 MAPC 涂层在硫酸盐溶液中组成和结构的变化。

(1)MAPC 涂层界面的变化

MAPC 涂层与混凝土基体界面的微观形貌如图 6-9 所示。从图 6-9(a)可以看出,混凝土试件与硫酸盐溶液刚刚接触时,由于毛细管吸附和水分蒸发的双重作用,SO_4^{2-} 进入混凝土内部。在腐蚀初期,MAPC 涂层和混凝土基体之间连接紧密,形成了组织致密、分布均匀的防护层,将混凝土与外部环境隔离,混凝土内部形成不了高浓度的腐蚀孔溶液区,从而大大抑制了 SO_4^{2-} 进入混凝土内部。所以,只要 MAPC 涂层不发生破坏,就可以保护混凝土免受硫酸盐侵蚀。这种防护效果与环氧树脂涂层的防护效果相当,甚至优于环氧树脂涂层。

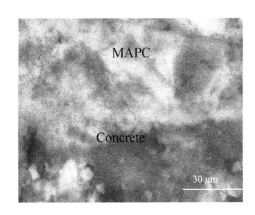
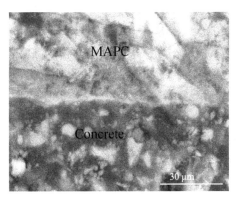

(a)　　　　　　　　　　　　　　　(b)

图 6-9　MAPC 涂层与混凝土基体界面的 SEM 图

(a)腐蚀龄期为 1 d　(b)腐蚀龄期为 300 d

Figure 6-9　SEM diagrams of the interface between MAPC coating and concrete matrix

(a)The corrosion age is 1 d　(b)The corrosion age is 300 d

从图 6-9（b）可以看出，随着腐蚀的进行，MAPC 涂层与混凝土的界面没有发生脱离；在腐蚀后期，MAPC 水泥和混凝土基体的界面变得模糊，两种水泥材料的水化产物相互交织在一起，呈互相渗入的状态。在混凝土基体表面凹凸不平的地方，MAPC 涂层的水化产物固化后像销钉一样嵌入微孔中，形成机械啮合力，将两个被粘物牢固地结合在一起。MAPC 涂层不断渗透进入混凝土内部，与水泥石孔隙中的物质发生反应，生成的产物填满混凝土的孔隙，使混凝土的结构变得密实，起到一定程度的保护作用。MAPC 的水化产物（鸟粪石）比 Ca(OH)$_2$ 的溶解度更小，使得鸟粪石很快达到过饱和状态，从溶液中析出，在混凝土表面形成一个致密、坚硬的防护层，进一步提升了混凝土表层的致密度。MAPC 涂层混凝土吸附区结晶现象大大减轻，浸泡区表面聚集的 SO$_4^{2-}$ 也减少，从而提升了混凝土的抗硫酸盐侵蚀能力。

（2）硫酸盐侵蚀环境中 MAPC 涂层结构的变化

MAPC 涂层在腐蚀初期和腐蚀后期的 XRD 图谱如图 6-10 所示。由图可知，腐蚀龄期为 1 d 和 300 d 时，MAPC 涂层的 XRD 图谱中 MgO 的衍射峰很强，说明存在未水化的 MgO。图 6-10（a）主要以 MgO、MgNH$_4$PO$_4$·6H$_2$O 的衍射峰为主，说明 MAPC 涂层的物质主要为 MgNH$_4$PO$_4$·6H$_2$O（鸟粪石）。鸟粪石是 MAPC 的主要水化产物，是一种凝胶，对涂层黏性起主要作用。图 6-10（b）中除了 MgO、NH$_4$H$_2$PO$_4$ 的衍射峰外，还有新生成物 NaMg$_3$(OH)$_2$(CO$_3$)$_2$SO$_4$·6H$_2$O 的衍射峰，说明 MAPC 涂层在硫酸盐溶液中与 SO$_4^{2-}$ 反应形成了新的稳定络合物 NaMg$_3$(OH)$_2$(CO$_3$)$_2$SO$_4$·6H$_2$O。这种络合物能在硫酸盐溶液中稳定存在，对涂层性能起主要作用。

MAPC 涂层在腐蚀初期和腐蚀后期的微观形貌如图 6-11 所示。从图 6-11（a）可以看出，腐蚀龄期为 1 d 时，MAPC 涂层中存在大量的 MgNH$_4$PO$_4$·6H$_2$O 凝胶和少量未反应的 MgO。MAPC 水化产物与 MgO 颗粒之间的连接比较紧密，孔隙率较小，结构致密度高。MAPC 水化产物以蠕虫状为主，杂乱无章地交织在一起，形成网状结构，包裹在混凝土基体的表面。从图 6-11（b）可以看出，腐蚀龄期为 300 d 时，硫酸盐溶液中的 MAPC 涂层的针状水化产物（NaMg$_3$(OH)$_2$C$_2$ClO$_2$SO$_4$·6H$_2$O）穿插在网状结构中，互相搭接和交错，有效地填充了 MAPC 涂层颗粒之间的空隙，提高了防护效果，减小了结构孔隙率。同时，MAPC 水化产物（NaMg$_3$(OH)$_2$(CO$_3$)$_2$SO$_4$·6H$_2$O）的晶粒明显更小，结构更加致密。因此，在硫酸盐溶液中，具有更加致密结构的 MAPC 涂层在混凝土表面形成了隔离层，阻碍了混凝土与 SO$_4^{2-}$ 的反应，同时也阻碍了混凝土内部与外界环境的连通，减弱了多孔混凝土的毛细作用，提高了混凝土的抗硫酸盐侵蚀能力。

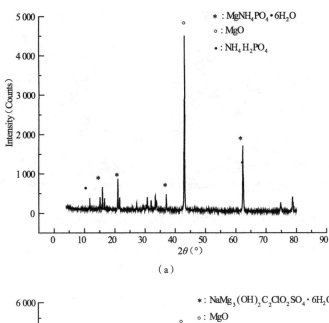

(a)

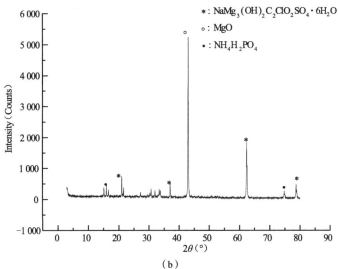

(b)

图 6-10　MAPC 涂层在腐蚀初期和后期的 XRD 图谱

(a)腐蚀龄期为 1 d　(b)腐蚀龄期为 300 d

Figure 6-10　XRD patterns of MAPC coating in early and late corrosion stages

(a)The corrosion age is 1 d　(b)The corrosion age is 300 d

（a）   （b）

图 6-11　MAPC 涂层在腐蚀初期和腐蚀后期的 SEM 图

（a）腐蚀龄期为 1 d　（b）腐蚀龄期为 300 d

Figure 6-11　SEM diagrams of MAPC coating in early and late corrosion stages

（a）The corrosion age is 1 d　（b）The corrosion age is 300 d

6.5　MAPC 涂层混凝土的硫酸盐腐蚀传输模型

　　硫酸盐腐蚀传输模型是典型的硫酸盐在混凝土内传输侵蚀的机理模型,其中 Tixier-Mobasher 模型考虑了腐蚀离子在混凝土内的传输与消耗。本节借鉴此模型,基于扩散及化学反应建立 MAPC 涂层混凝土硫酸盐腐蚀传输模型。

　　本节采用 Fick 第二定律作为理论基础,取微元体$(x,\ x+\Delta x)$,结合质量守恒定律计算微元体平衡方程,进而推导相关模型关系式。MAPC 涂层混凝土微元体的 SO_4^{2-} 通量示意图如图 6-12 所示。

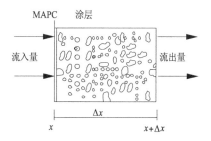

图 6-12　MAPC 涂层混凝土微元体的 SO_4^{2-} 传输通量示意图

Figure 6-12　Propagated flux diagram of SO_4^{2-} inside MAPC coated concrete micro-unit

　　按照前文腐蚀试件的超声声速及对应抗压强度的试验数据,结合微观分析得知,在硫酸盐浸泡环境中,MAPC 涂层的性能是稳定的,这主要由于形成了新的水化产物,加强了涂层的防腐蚀能力。由此推断,SO_4^{2-} 在 MAPC 涂层中的传输以扩散–反应为主,与 SO_4^{2-} 在混凝土中的传输特点一致。虽然 MAPC 涂层和混凝土属于不同的介质材料,但基于相同的传输特点,因此将 MAPC 涂层与混凝土归为同一材料进行分析。

基于以下假设进行模型的推导。

1)SO_4^{2-}在Δx内传输时,受侵蚀的材料是可渗透的并且SO_4^{2-}在其中的渗透速率是均匀的;

2)SO_4^{2-}与材料之间不存在物理吸附和黏结。

SO_4^{2-}在传输过程中不断被消耗,SO_4^{2-}在边界$(x+\Delta x)$上的通量可用式(6-1)表示。离子扩散遵循Fick第二定律,则式(6-2)成立。

$$L\left(SO_4^{2-},x+\Delta x\right)=L\left(SO_4^{2-},x\right)-L\left(SO_4^{2-},\Delta x\right) \tag{6-1}$$

$$\frac{\partial U_{SO_4^{2-}}}{\partial t}=\frac{\partial}{\partial x}\left(D_e\frac{\partial U_{SO_4^{2-}}}{\partial x}\right) \tag{6-2}$$

式中:D_e是MAPC涂层混凝土内有效扩散系数;U是SO_4^{2-}的浓度;L是SO_4^{2-}的通量。

结合SO_4^{2-}与MAPC涂层混凝土反应的动力学原理,SO_4^{2-}与水化产物反应,继续生成新的产物,可将此反应过程看成串联反应。而MAPC涂层混凝土可以近似看作均相物质,SO_4^{2-}在其内部的传输适用于非理想吸附反应,而反应物SO_4^{2-}的消耗速率用式(6-3)表示,即

$$-v_{SO_4^{2-}}=kU_A^{\alpha}U_B^{\varepsilon}\cdots \tag{6-3}$$

式中:$v_{SO_4^{2-}}$是SO_4^{2-}反应消耗速率;k是化学反应速率系数,与温度有关。

k的数值与温度T的关系符合阿伦尼乌斯(Arrhenius)公式,即

$$k=k_0e^{-\frac{E}{RT}} \tag{6-4}$$

式中:k_0是频率因子,与T无关;R、T分别是摩尔气体系数、热力学温度;E是反应活化能。

MAPC涂层混凝土受硫酸盐侵蚀主要分为两个过程:① MAPC涂层消耗SO_4^{2-},SO_4^{2-}和鸟粪石反应生成新的水化物,加上涂层结构比混凝土致密,起到了保护作用,延缓了SO_4^{2-}进入混凝土内部;② SO_4^{2-}进入混凝土内部后,主要为钙矾石破坏。虽然MAPC涂层消耗了一定量的SO_4^{2-},但数量微小,可以不考虑,故反应以阻碍SO_4^{2-}作用为主。因此,MAPC涂层混凝土受SO_4^{2-}的侵蚀以第二过程为主。SO_4^{2-}与混凝土反应的过程可以用下列反应式表示。

$$SO_4^{2-}+Ca(OH)_2+2H_2O\longrightarrow CaSO_4\cdot2H_2O+2OH^-$$

$$qCaSO_4\cdot2H_2O+H_2O+CA\longrightarrow 3CaO\cdot Al_2O_3\cdot3CaSO_4\cdot32H_2O$$

式中:CA表示铝酸钙类盐,化学式为$3CaO\cdot Al_2O_3$;q为系数。

每一步反应都可看作基元反应,根据质量守恒定律,各浓度的方次为反应方程中相应组分的分子个数,反应级数即为分子数。试验在恒温条件下进行,且未添加任何活化物质,故上式中相关系数可看作定值。Krajcinovic等从理论上证明了CA在转化为钙矾石的过程中反应非常迅速,在建立扩散反应方程时可不考虑化学反应速率系数的变化,因而k在本试验中被视为定值,其单位与反应级数有关。文献中SO_4^{2-}与混凝土反应属二级化学反应,结合前人对反应速率常数的研究,本书取k值为3.5×10^{-8},单位$m^3/(mol\cdot s)$。石膏($CaSO_4\cdot2H_2O$)在这个串联反应中属于中间产物,且与CA迅速反应生成钙矾石,由于第二

步速率远大于第一步,因此整个串联反应将取决于反应的第一步。参与反应的物质有 SO_4^{2-}、$Ca(OH)_2$ 以及 CA,加上 MAPC 涂层的阻碍作用,根据反应式系数间关系可知,石膏的生成速率与 SO_4^{2-} 的消耗速率基本一致。将式(6-3)中的反应级数带入,保留 k,即

$$-v_{SO_4^{2-}} = kU_{SO_4^{2-}}U_{CA}$$

$$-v_{CA} = \frac{kU_{SO_4^{2-}}U_{CA}}{q} \tag{6-5}$$

考虑化学反应动力学的微元体平衡方程为

$$\frac{\partial U(x,t)}{\partial t} = \frac{\partial}{\partial x}\left[D_e \frac{\partial U(x,t)}{\partial x}\right] - kU_{SO_4^{2-}}U_{CA} \tag{6-6}$$

边界条件为

$$U(0,t) = U_S, \ x = 0, \ t \geq 0$$

$$U(0,t) = U_0, \ 0 < x \leq L, \ t = 0$$

$$U(L,t) = U_S, \ x = L, \ t > 0$$

$$U(x,t) = U(L-x,t), \ 0 \leq x \leq L, \ t \geq 0 \tag{6-7}$$

代入式(6-6),并将式(6-6)简化为

$$\frac{\partial(U - qU_{CA})}{\partial t} = \frac{\partial}{\partial x}\left[D_e \frac{\partial(x,t)}{\partial x}\right] \tag{6-8}$$

式中 CA 是与 SO_4^{2-} 反应的铝酸钙类盐,是水泥材料固有成分及水化产物,随着腐蚀反应不断进行而减少。有文献提出 CA 的含量如式(6-9)所示,可以看出其含量与空间所处位置无关,也就是说 U_{CA} 关于传输距离 x 的偏导数为 0。因此式(6-8)可变换为

$$U_{CA} = U_{C_3A}^0\left(1 + \alpha + \frac{1}{3}\varepsilon_0\alpha + \varepsilon_0\alpha e^{-\frac{1}{6}kUt}\right)e^{-\frac{1}{3}kUt} \tag{6-9}$$

$$\alpha = 1 - e^{-4.15\frac{W}{U}}$$

$$\frac{\partial U - qU_{CA}}{\partial t} = \frac{\partial}{\partial x}\left(D_e \frac{\partial(U - qU_{CA})}{\partial x}\right) \tag{6-10}$$

将化学反应速率常数单位及 SO_4^{2-} 含量单位统一成质量比形式,并将反应速率系数代入式(6-9),得到

$$U_{CA} = U_{C_3A}^0\left(1 + \alpha + \frac{1}{3}\varepsilon_0\alpha + \varepsilon_0\alpha e^{-4.15Ut}\right)e^{-8.3Ut} \tag{6-11}$$

$$\alpha = 1 - e^{-4.15\frac{W}{U}}$$

将 $U - qU_{CA}$ 当作整体,式(6-8)也符合 Fick 定律。联合上述式子,式(6-8)齐次方程经拉普拉斯逆变换后求得通解,得出 MAPC 涂层混凝土 SO_4^{2-} 浓度公式为

$$U(x,t)=U_0-qU_{C_3A}^0+\left(U_S-U_0-qU_{C_3A}^0\right)\left(1+\mathrm{erf}\,\frac{x}{3\sqrt{D_e t}}\right)+qU_{CA} \qquad （6\text{-}12）$$

上面式中：q 为石膏生成钙矾石等效反应系数，$q=8/3$；$U_{C_3A}^0$ 为铝酸三钙初始含量，%；ε_0 为石膏和鸟粪石的初始总量；α 为水泥水化程度，无量纲；U_S 为溶液中 SO_4^{2-} 浓度，%；U_0 为未腐蚀混凝土中 SO_4^{2-} 浓度，%；x 为传输深度，mm；t 为传输时间，d。

6.6　本章小结

本章通过比较抗压强度、外观形貌和超声声速的变化，对比研究了无涂层混凝土、MAPC 涂层混凝土和环氧树脂涂层混凝土的抗硫酸盐侵蚀能力，并对腐蚀前后的 MAPC 涂层进行 XRD、SEM 分析，研究了 MAPC 涂层影响混凝土抗硫酸盐侵蚀能力的内在机理。参照试验数据，初步建立了 MAPC 涂层混凝土 SO_4^{2-} 含量的计算公式。具体内容如下。

1）盐湖硫酸盐侵蚀环境中混凝土结构表面分为大气区、吸附区、浸泡区三部分，腐蚀主要集中在吸附区和浸泡区，其中混凝土的浸泡区受硫酸盐腐蚀破坏程度大于混凝土吸附区的腐蚀破坏程度。

2）通过分析涂层混凝土抗压强度和超声声速的变化，发现 MAPC 涂层能有效防止硫酸根离子的侵入，对混凝土起到了有效的防护作用，且防护作用优于环氧树脂涂层。

3）MAPC 涂层在硫酸盐环境中性能稳定。MAPC 涂层能够与 SO_4^{2-} 反应形成新的络合物，使涂层结构变得更致密，同时也大大提高了 MAPC 涂层和混凝土之间的黏结强度，增强了混凝土的抗硫酸盐侵蚀能力。因此，MAPC 涂层混凝土的抗硫酸盐侵蚀能力明显提高。

参考文献

[1] YANG Q B，ZHU B R，ZHANG S Q. Properties and applications of magnesia-phosphate cement mortar for rapid repair of concrete[J]. Cement and Concrete Research，2000，30（11）：1807-1813.

[2] 丁铸，李宗津. 早强磷硅酸盐水泥的制作和性能 [J]. 材料科学学报，2006，20（2）：141-147.

[3] YU B Y，CHEN Z Q，YU L L. Water-resisting ability of cemented broken rocks[J]. International Journal of Mining Science and Technology，2016，26（3）：449-454

[4] 杜玉兵，王进，支正东，等. 钢筋混凝土结构体的修复防护层及其施工方法：CN1050-36695A[P]. 2017.

[5] 杨建明，梅星新，孙厚超，等. 磷酸钾镁水泥基钢结构防火涂料及其制备方法、使用方法：CN106497157A[P]. 2017.

[6] WANG H T，XUE M，CAO J H. Research on the durability of magnesium phosphate ce-

ment[J]. Advanced Materials Research, 2011, 170: 1864-1868.

[7] LI J, JI Y S, HUANG G D, et al. Retardation and reaction mechanisms of magnesium phosphate cement mixed with glacial acetic acid[J]. Rsc Advances, 2017, 7 (74): 46852-46857.

[8] 中国国家标准化管理委员会. 水泥化学分析方法: GB/T 176—2008[S]. 北京: 中国标准出版社, 2008: 25-29.

[9] 赵顺波, 陈记豪, 高润东, 等. 硫酸盐侵蚀混凝土内部硫酸根离子浓度测试方法 [J]. 港工技术, 2008(3): 31-33.

[10] TIXIER R, MOBASHER B. Modeling of damage in cement-based materials subjected to external sulfate attack. I: Formulation[J]. Journal of Materials in Civil Engineering, 2003, 15 (4): 305-313.

[11] 柯斯乐 E L. 扩散: 流体系统中的传质 [M]. 王新宇, 姜忠义, 译. 北京: 化学工业出版社, 2002: 123-128.

[12] 赵学庄, 罗渝然. 化学反应动力学原理 [M]. 北京: 高等教育出版社, 1990: 167-180.

[13] 许越. 化学反应动力学 [M]. 北京: 化学工业出版社, 2004: 120-130.

[14] 孙超. 基于侵蚀损伤演化的混凝土中硫酸根离子扩散模型[D]. 宁波: 宁波大学, 2012.

[15] EEPENSON H J. Chemical kinetics and reaction mechanisms[M]. New York: McGraw-Hill, 1981: 67-70.

[16] 左晓宝, 孙伟. 硫酸盐侵蚀下的混凝土损伤破坏全过程[J]. 硅酸盐学报, 2009, 37(7): 1063-1067.

[17] 吴浪, 宋固全, 雷斌. 基于多相水化模型的水泥水化动力学研究[J]. 混凝土, 2010(6): 46-48.

7 结论与展望

7.1 结论

本书围绕 MAPC 涂料的缓凝调控、MAPC 涂层的黏结界面和 MAPC 涂层的耐久性这三个方面展开系统研究。通过制备 MAPC 涂料的稀释悬浮液,测试 MAPC 涂料体系反应过程中特征点的 pH 值、水化温度和离子浓度,结合物相分析,提出了新的 MAPC 涂料体系的反应机理模型。在此基础上,分析了不同硼砂含量的 MAPC 涂料体系的水化放热特性、pH 值以及 MAPC 硬化体的物相组成,提出了硼砂对 MAPC 涂料体系的缓凝新机理。以此为基础,分析了不同含量复合缓凝剂 MAPC 涂料体系的凝结时间、抗压强度、水化热温度,借助于 XRD、SEM 分析了复合缓凝剂的作用机理。利用复合缓凝剂制备了 MAPC 无机涂料,考察了 MAPC 涂层的硬度、附着力和耐水性等基本性能。研究了氯化钠对 MAPC 涂层拉伸强度、质量吸水率、涂层厚度的影响,确定了氯化钠的添加可以明显改善 MAPC 涂层的耐水性能。然后将 MAPC 和硅酸盐水泥的黏结试件分别放入 $Ca(OH)_2$ 溶液和 Na_2SO_4 溶液中长期浸泡,测试试件的黏结强度,观察试件的断裂位置和断裂面;并对不同浸泡时期试件的界面微区进行光学显微镜和 SEM 分析,研究了侵蚀环境中 MAPC 涂层黏结界面微区的结构演化。结合试验结论,建立了不同的使用和暴露环境中的 MAPC 界面微区的演变模型。通过比较抗压强度、外观形貌和超声声速的变化,研究了无涂层混凝土、MAPC 涂层混凝土和环氧树脂涂层混凝土的抗硫酸盐侵蚀能力;并深入研究了 MAPC 涂层对混凝土抗硫酸盐侵蚀能力影响的内在机理,初步建立了 MAPC 涂层混凝土中的硫酸根离子的传输公式。

本研究所做工作及得出的主要结论如下。

（1）MAPC 涂料缓凝调控的研究

1）根据 MAPC 涂料体系水化反应过程中特征点的 pH 值、水化温度和离子浓度的变化,将 MAPC 涂料体系水化反应过程分为 $NH_4H_2PO_4$ 溶解、$MgNH_4PO_4 \cdot 6H_2O$ 初结晶、$MgNH_4PO_4 \cdot 6H_2O$ 继续结晶生成三个阶段。

2）加入硼砂只能稍微延缓 MAPC 涂料体系的凝结,降低 MAPC 涂料体系的 pH 值和水化温度,中间未形成新的水化产物。硼砂的使用量为 5% 时,缓凝效果较好;之后随着硼砂含量的增加,缓凝效果减弱,MAPC 硬化体的抗压强度降低。

3）冰醋酸和硼砂组成的复合缓凝剂可以明显延缓 MAPC 涂料体系的凝结,改善施工性能,但对强度影响不大。冰醋酸的最佳浓度为 3%。

（4）冰醋酸对 MAPC 涂料体系的缓凝作用可归结为保护膜作用、降温作用、降低 pH 值作用以及官能团的作用。由于冰醋酸的加入,MAPC 涂料体系水化过程不释放氨气。

（2）MAPC 涂料耐水性能的调控

1）利用冰醋酸和硼砂组成的复合缓凝剂，制备出 MAPC 涂料，并测试了 MAPC 涂料的基本性能，其中的硬度和附着力满足应用要求。

2）添加 NaCl 可以提高 MAPC 涂层的耐水性能。当 NaCl 含量为 3% 时，MAPC 涂层的厚度、质量吸水率、拉伸强度等性能达到最优。

3）氯离子参与水化反应形成新的络合物，使得涂层在水环境中结构更加致密，同时新络合物的生成大幅度提高了涂层与混凝土的黏结强度，增强了涂层的耐水能力。

（3）硫酸盐腐蚀环境中 MAPC 涂层黏结界面微观结构演化研究

1）MAPC 和硅酸盐水泥之间存在明显的界面微区。在界面微区有结晶度较好的晶体生成，呈凝胶状，具有良好的黏附力，使 MAPC 成为性能良好的修补材料。

2）在自然环境中和在 $Ca(OH)_2$ 溶液中，MAPC 的黏结强度呈现先增长后稳定的趋势；在 Na_2SO_4 溶液中，MAPC 的黏结能力先提高后降低。在自然环境中，界面微区发生水化反应，产生了结晶较好的水化产物，晶体形貌和结构未发生变化。在 $Ca(OH)_2$ 溶液中，形成新的磷酸钙类结晶体，使晶体形貌发生很大变化，结构更加致密。

3）在 Na_2SO_4 溶液中，水化产物结构疏松，晶体形貌虽有改观，但 MAPC 的黏结性能稳定。根据不同使用环境中的界面区域的断裂特征、界面裂纹及孔洞形貌特征、界面微观形貌特征等，将界面区结构划分为接触区和渗透层、富集区、弱效应区等区域。

（4）MAPC 涂层混凝土的抗硫酸盐侵蚀能力研究

1）在硫酸盐侵蚀环境中混凝土结构表面分为大气区、吸附区、浸泡区三部分，腐蚀主要集中在吸附区和浸泡区，其中浸泡区混凝土受硫酸盐腐蚀破坏程度大于吸附区混凝土的腐蚀破坏。

2）通过混凝土抗压强度变化和超声声速检测分析，发现 MAPC 涂层能有效防止硫酸盐溶液的侵入，起到了保护混凝土的作用。MAPC 水化产物能与 SO_4^{2-} 反应形成新的络合物，使得涂层在硫酸盐溶液中结构更加致密，同时大幅度提高了涂层与混凝土的黏结强度，从而增强了混凝土的抗硫酸盐侵蚀能力。

3）建立了 MAPC 涂层混凝土中 SO_4^{2-} 的传输公式。

7.2 展望

本书的主要内容是研究 MAPC 涂料的缓凝调控、MAPC 涂层的黏结界面和 MAPC 涂层的耐久性等。在系统研究了硼砂对 MAPC 涂料体系水化性能的影响的基础上，提出了硼砂对 MAPC 涂料体系水化的缓凝机理；在此基础上，研制了一种能有效调控 MAPC 涂料体系凝结时间和早期水化反应速率的复合缓凝剂，揭示了复合缓凝剂对 MAPC 涂料体系的缓凝机理；利用复合缓凝剂，制备出 MAPC 涂料，且对 MAPC 涂料的耐水性能进行了改善；研究了硫酸盐腐蚀环境中 MAPC 涂料黏结界面过渡区的时变性，并建立了相关模型；研究了 MAPC 涂料混凝土的耐硫酸盐腐蚀性能。对其他与此相关的内容或由此引申出的新内容的研究远未完善,有待开展进一步的研究工作。

1)尽管本书针对 MAPC 涂料体系的水化进程展开了系统化的探究与剖析,但仅采用定性的方法分析了复合缓凝剂的缓凝机理。想要客观地研究 MAPC 水化体系的性能,还需对其水化机理进行更为详尽的研究。例如,应通过各种理化测试与定量分析手段,研究含复合缓凝剂的 MAPC 水化体系的流变性能、水化动力学、水化产物的组成和微观结构的变化。

2)虽然本书对不同使用和暴露环境中 MAPC 涂料黏结界面过渡区的时变性进行了研究,并初步建立了模型,但对约束状态下的界面过渡区尚未进行研究。鉴于 MAPC 涂料良好的黏结性能和体积稳定性,可以预见,在约束条件下 MAPC 涂料的界面过渡区将有更好的表现。

3)虽然本书研究了 MAPC 涂料的耐水机理,建立了氯盐的耐水机制,分析了相关机理,但仍需通过各种理化测试与定量分析手段全面了解 MAPC 涂料的耐水机理。同时,需要对涂层混凝土的耐水机理进行数值模拟,采用仿真模拟和试验分析结合的方法,才能更加深入和全面地了解 MAPC 涂料的耐水性能。

4)虽然本书研究了 MAPC 涂料在硫酸盐环境中的变化,建立了 SO_4^{2-} 含量的计算公式,并采用定性方法分析了相关机理,但还需要通过各种理化测试与定量分析手段全面了解 MAPC 涂层防腐蚀的机理。同时,需要对涂层混凝土的耐硫酸盐侵蚀模型进行数值模拟,采用仿真模拟和试验分析结合的方法,才能更加深入和全面地了解 MAPC 涂层的抗腐蚀性能。

5)MAPC 涂层中可以添加纳米材料,构造 MAPC 涂层的纳微粗糙结构。例如,可以尝试将石墨烯或氧化石墨烯加入 MAPC 涂层中,通过调节不同的比例使混合后所形成涂层的微观构造呈严格意义上的"纳微双重粗糙结构",从而达到更好的防护性能。

8 MAPC 涂料的工程应用

根据前面的研究可知，MAPC 具有比较突出的性能：①低温固化；②高早强、高体积稳定性、强黏结性、硬化体偏中性等；③水胶比低，水化硬化过程中的收缩变形仅为硅酸盐水泥基材料的 1/10。MAPC 由于具备快硬高强的独特优势，因此被广泛地用在各种道路的修补和维护中。本研究将 MAPC 用在混凝土结构的表面，作为无机涂料使用和推广。本章将具体介绍 MAPC 应用的工程项目，以期为 MAPC 及其复合材料在我国的工程应用奠定实践基础，为特殊工程的施工提供研究基础。

8.1 应用工程

应用工程如图 8-1~ 图 8-4 所示。

图 8-1　八一南街(城南桥—环城南路)道路优化工程Ⅳ标

Fig 8-1　Road Optimization Project Ⅳ of Bayi South Street(Chengnan Bridge-Huancheng South Road)

图 8-2 双龙南街道路优化工程Ⅳ标

Fig 8-2 Road Optimization Project Ⅳ of Shuanglong South Street

图 8-3 金华市李渔路、双溪西路道路优化工程Ⅳ标

Fig 8-3 Road Optimization Project Ⅳ of Li Yu Road and Shuangxi West Road in Jinhua City

（a）

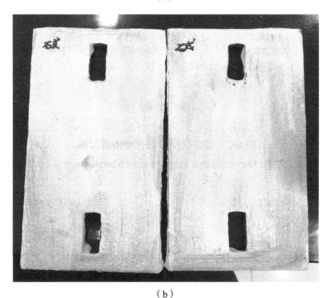

（b）

图 8-4　应用现场及涂层试样

（a）应用现场　（b）涂层试样

Figure 8-4　Application site and coating samples

（a）Application site　（b）Coating samples

8.2　应用效果

具体防护效果如下。

1）MAPC 防腐涂层黏结性能好，抗弯和抗开裂能力强，不易脱落；防护周期长，可达 15 年，且维护成本低；能抵挡一定程度的敲击，承载能力最大为 2.8 MPa。

2）传统硫氧镁水泥净浆试件泡水 28 d 后开裂，原因是轻烧 MgO 水化产生结晶应力，从而破坏水泥结构。MAPC 的抗水性能有很大提高,泡水 240 d 后 MAPC 的软化系数可达 0.98,原因在于外加剂延缓了 MgO 在水中水化的速度,削弱了 MgO 水化产生的结晶应力。

3)与有机涂料相比,MAPC 涂料为无机涂料,其耐久性、耐腐蚀性更好。

4)MAPC 涂料为薄型无机涂料,厚度为 2~5 mm。该涂料涂刷工艺简单,一次涂刷即可,装饰性能好。该涂料的原料完全为无机材料,均不燃烧,且无异味,对涂刷人员完全无害。该涂料在使用过程中也不产生有害气体。

附录

合作单位

浙江正方交通建设有限公司

浙江正方交通建设有限公司（以下简称正方交通建设）位于浙江省金华市，其前身是成立于 1992 年的金华县交通工程公司。该公司于 2000 年完成民营股份制改革，是一家集道路交通施工、市政工程建设、沥青混凝土生产于一体的专业型建筑施工企业。

该公司于 2004 年获得公路工程施工总承包一级资质。现拥有桥梁、路面、路基、隧道工程等四个专业承包一级，市政公用工程施工总承包二级，港口与航道工程施工总承包二级，公路交通工程（公路安全设施）专业承包二级，公路养护工程施工专业承包，特种工程专业承包等多项施工资质。此外，该公司还是具有对外承包工程经营资格的综合性施工企业。

浙江正方沥青混凝土科技有限公司

浙江正方沥青混凝土科技有限公司成立于 2019 年，隶属于浙江正方控股集团有限公司（以下简称正方集团），是一家集沥青混凝土生产、销售、摊铺、施工于一体的大型综合企业。

2015 年，正方集团勇立"绿色交通"时代潮头，建成全国首座环保型沥青拌合站，成为沥青拌合站环保转型的先行者、交通"绿色制造工程"的领军者。自 2019 年开始，该公司依据"立足浙江、布局全国"的战略蓝图，发挥正方交通建设在沥青混凝土、桥梁施工等领域的优势，向着"做大、做精、做深、做专"的目标奋进。

该公司践行"共创平台、共谋发展、共享成功"的使命，坚守绿色环保初心，致力于为沥青道路提供全生命周期建养的绿色、连锁、智能化服务，力争成为中国沥青拌合站数量最多、区域市场份额最高、盈利能力最强的沥青科技领导品牌。

河南金安泰钢结构工程有限公司

河南金安泰钢结构工程有限公司于 2009 年开始正式运营,注册资本为 10 768 万元,厂房面积为 30 000 余平方米。该公司是一家承接大型钢结构厂房、物流仓库、多高层建筑、公共建筑、玻璃幕墙等钢结构装配的国家一级资质企业,同时也是一家集钢结构、网架、桁架、多层框架等建筑体系研发设计、制作安装、服务保障于一体化的综合型区域知名钢结构企业。

该公司始终坚持以"厚德载物、自强不息"为企业核心文化,以"追求卓越、开拓创新、诚信服务、共同发展"为企业经营理念,与时俱进,求真务实,以质取胜,树立品牌。

杭州信达投资咨询估价监理有限公司

杭州信达投资咨询估价监理有限公司成立于 1993 年,曾隶属于中国建设银行杭州分行。2001 年 7 月,根据政府规定,与原主管单位脱钩,随后顺利完成企业改制及更名工作,注册资本为 2 000 万元。该公司目前提供工程建设监理、造价咨询、招标代理、项目评估、项目管理(代建)等业务的综合性技术咨询服务。

该公司拥有建设监理甲级资质、工程造价咨询甲级资质、招标代理甲级资质、国家发改委工程咨询甲级资质、浙江省发改委首批项目代建资质、浙江省财政厅工程预算审价一级资质、浙江省审计厅基建项目决算审计一级资质、杭州市建设工程项目管理单位备案证书等多项专业资质,是浙江省少数几家能提供工程全过程、全方位技术咨询服务的公司之一。

该公司经多年的积累和培养,现有职工 600 余人,其中高、中级职称技术人员占 50% 以上,国家注册 CPMP 项目管理师 5 人,国家注册项目管理师(投资)2 人,国家注册咨询工程师资格 19 人,国家注册造价工程师 19 人,国家注册监理工程师 61 人,国家注册公共设备工程师 2 人,国家注册电气工程师 1 人,国家注册设备监理工程师 2 人,国家注册安全工程师 2 人,注册房地产估价师 18 人,注册资产评估师 4 人,注册会计师 1 人,香港建筑测量师互认资格 3 人,持证上岗率达到 95% 以上,已经形成一支老中青结合、专业配置齐全、人员素质高、作风过硬、富有战斗力的队伍。